产教融合协同育人项目成果

程序逻辑与思维

（C语言）

罗　勇　张　祎　主　编

吕　波　苏绍培
张国胜　王俊海　副主编

電子工業出版社

Publishing House of Electronics Industry

北京 • BEIJING

内 容 简 介

本书是校企深度融合的产物，是由企业高级软件工程师和高校教学经验丰富的教师共同打造的新型工作手册式教材。本书打破传统教材的章节体系，对所有知识体系进行了重构，对实际项目生产过程进行了设计。

本书涵盖C语言的所有知识体系，共有9个模块，其内容分为3个阶段：第1阶段（模块1和模块2）为马步（打基础），主要介绍C语言的基础知识，包含常量与变量、运算符与表达式、程序输入与输出等内容；第2阶段（模块3～8）为专项（分内容），主要对分支结构、循环结构、数组、算法、函数、结构体、文件操作等内容进行专项介绍；第3阶段（模块9）为作战（成团队），主要通过对完整的软件项目开发流程进行设计，完成项目的设计、开发、文档、交付等内容。

本书的任务内容以“开门见山”的模式进行设计，即目标描述、接领任务、分析任务、制定方案、实施实现、测试验收、总结拓展，以更好地培养初学者的程序逻辑与思维能力，更顺利地开启软件世界的“第一扇门”，为后续的学习奠定扎实的“根基”。

本书可作为高校ICT专业的C语言程序设计课程的教学教材，重点培养其程序逻辑与思维能力，也可作为软件编程入门者的学习用书。

图书在版编目（CIP）数据

程序逻辑与思维：C语言 / 罗勇，张祎主编. —北京：电子工业出版社，2021.9
ISBN 978-7-121-41995-9

I. ①程… II. ①罗… ②张… III. ①C语言－程序设计－高等学校－教材 IV. ①TP312

中国版本图书馆CIP数据核字（2021）第187631号

责任编辑：徐建军　　文字编辑：王　炜
印　　刷：三河市华成印务有限公司
装　　订：三河市华成印务有限公司
出版发行：电子工业出版社
　　　　　北京市海淀区万寿路173信箱　邮编 100036
开　　本：787×1 092　1/16　印张：17　字数：435.2千字
版　　次：2021年9月第1版
印　　次：2024年9月第9次印刷
定　　价：59.00元

凡所购买电子工业出版社图书有缺损问题，请向购买书店调换。若书店售缺，请与本社发行部联系，联系及邮购电话：（010）88254888，88258888。

质量投诉请发邮件至 zlts@phei.com.cn，盗版侵权举报请发邮件至 dbqq@phei.com.cn。

本书咨询联系方式：（010）88254570，xujj@phei.com.cn。

前言
Preface

伴随着我国经济转型的不断加速，ICT 作为产业经济结构转型的新动能，其价值日益凸显，行业保持较为快速的发展，新一代信息技术已全面渗透到经济社会的各个领域，改变着人们的生产、生活和思维方式，成为推动经济发展的重要引擎。我国 ICT 产业却面临着人才供给绝对量缺少、人才错位、企业招不到合适的新人等问题，严重制约着 ICT 产业的健康、快速发展。而程序基础类课程在整个 ICT 产业人才培养中起着举足轻重的作用，因为它是引领初学者开启软件世界的“第一扇门”，所以培养学生的程序逻辑与思维能力已刻不容缓。

市面上关于程序基础类的图书有很多，大多数注重知识体系的编写，而忽略了初学者的感受。作为引领初学者开启软件世界“第一扇门”的课程，更应该注重培养初学者在解决实际问题时，分析问题、确定思路，以及选择相应的知识或技术的能力。

本书打破了传统教材的章节体系，对所有知识体系进行了重构，按实际项目生产过程进行设计。全书内容分为 3 个阶段，共计 9 个模块 39 个任务，基本涵盖 C 语言所有知识体系。第 1 阶段（模块 1 和模块 2）为马步（打基础），主要介绍 C 语言的基础知识，涉及常量与变量、运算符与表达式、程序输入与输出等内容；第 2 阶段（模块 3～8）为专项（分内容），主要对分支结构、循环结构、数组、算法、函数、结构体、文件操作等内容进行专项介绍；第 3 阶段（模块 9）为作战（成团队），主要通过对完整的软件项目开发流程进行设计，完成项目的设计、开发、文档、交付等内容。

本书所有任务以“开门见山”的模式进行设计，任务与任务之间以“故事情节”的方式进行设计，让学习变得更加简单有趣。同时，在每个任务中都结合技术知识选取一些人生哲理进行总结，给枯燥的程序代码增加些许“温度”，让学生更愿意接近和品研，实现“带着自己的思想，快乐学习”，开启软件世界的“第一扇门”，为后续的学习奠定扎实的“根基”。

本书具有以下特点。

■知识重构——去除传统课程的“教条”，重构了知识体系

在内容设计上打破了传统说教的形式，对所有知识体系进行了重构，分为 3 个阶段，共计 9 个模块，基本涵盖 C 语言的所有知识体系。

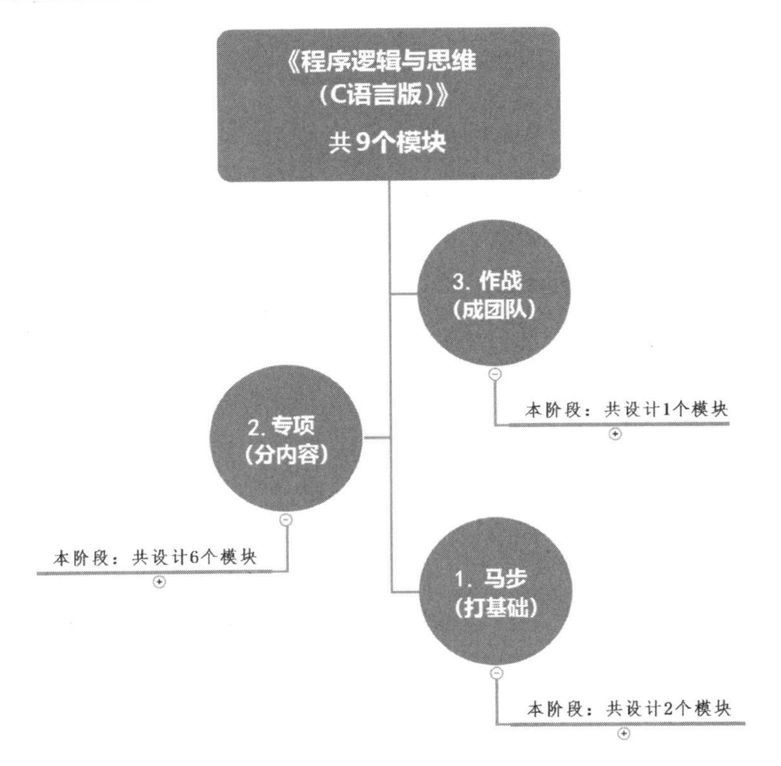

■问题导向——提出问题，带着解决问题的思路去学习

所有任务都以“开门见山”的模式进行设计，即目标描述、接领任务、分析任务、制定方案、实施实现、测试验收和总结拓展，形成知识点的递进与复用关系。

任务与任务之间以“故事情节”的方式进行设计，让学习变得更加简单有趣。

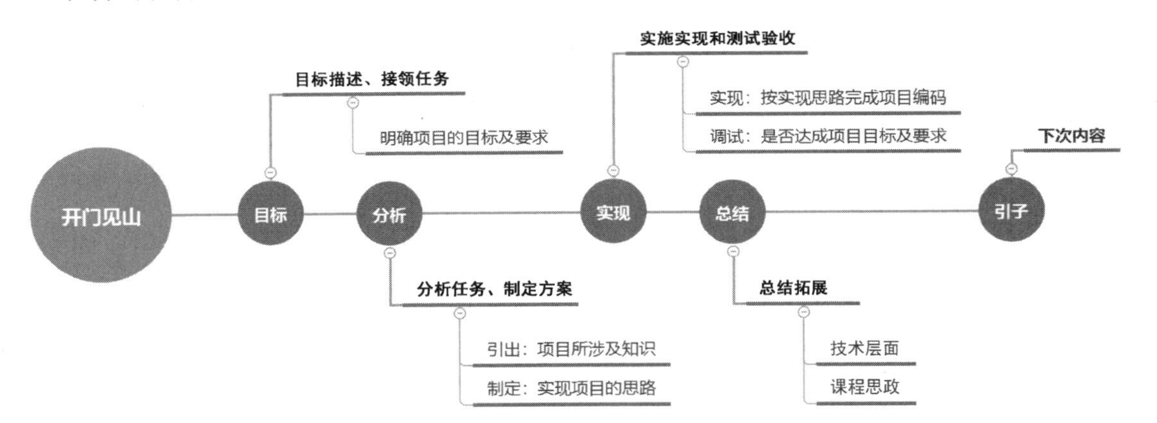

■课程思政——春风化雨暗传课，思政育人细无声

坚持以“立德树人”作为教育的根本任务，将价值塑造、知识传授和能力培养三者融为一体，帮助初学者塑造正确的世界观、人生观、价值观。

本书由四川科技职业学院鼎利教育的罗勇和刘勇军组织编写，其中模块 1、模块 2、模块 7、模块 9 由罗勇、苏绍培、张国胜编写；模块 8 由四川长江职业学院李天祥编写；模块 3、模块 4、模块 5 由雅安职业技术学院的张祎、吕波、李琳、彭茜、杜锐和鼎利教育的刘勇军编写；模块 6 由雅安职业技术学院的王俊海编写。

本书在编写过程中，参阅了同类教材和文献资料，同时还引用了一些专家和企业家的理论和观点，并得到了广大师生的支持和帮助，在此表示衷心的感谢。

由于编者水平有限，书中难免存在不妥或错误之处，敬请广大读者批评指正。

为了更好地为读者提供教学资源，本书所有任务已录制教学视频，请扫二维码进行学习。另外，可直接与编者联系（E-mail：13135166@qq.com）。

编 者

目录
Contents

模块 1

软件与我们的生活

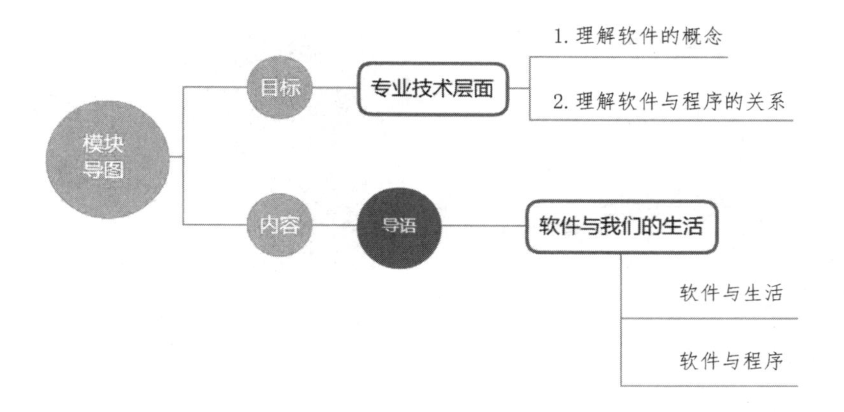

1.1 软件与生活

随着科学技术的发展，各行各业都离不开软件，下面我们就来介绍几款与日常生活息息相关的软件。

我们的出行

"互联网+"时代的出行，让行程更易掌握。

通过使用出行软件，我们可以知道周围有哪些出租车和共享单车，使出行变得更加高效，如图 1.1 和图 1.2 所示。

图 1.1　出行软件示意

图 1.2　共享单车示意

通过沟通软件，使人们的交流不再遥不可及，让地球成为"世界村"，如图 1.3 所示。

我们的沟通

"互联网+"时代的地球，已经不再遥远，地球成为"世界村"啦！

图 1.3　沟通软件示意

通过使用电子商务软件，让人们坐在家里就可以购买心仪的商品，如图 1.4 所示。

我们的购物

“互联网+”时代的购物可以足不出户。

图 1.4　电商软件示意

在任何地点我们都可以利用碎片时间进行“充电”，如图 1.5 所示。

我们的学习

“互联网+”时代的学习可以随时开始。

图 1.5　在线教育软件示意

软件正在悄悄地改变着人们的生活，如图 1.6 所示。

各行各业都离不开软件

软件已渗透于我们生活的各个方面。

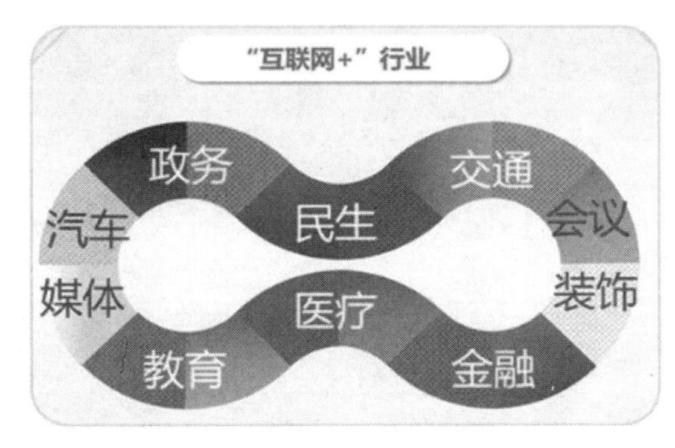

图 1.6　“互联网+”行业示意

软件正在改变着人们的生活及生活方式。在这个时代中，我们应充分享受时代赋予的便捷与快乐，同时更应思考该怎样创造出自己的价值。

1.2 软件与程序

上面给大家分享了生活中使用的一些相关软件，那么什么是软件呢？

软件就是按照特定顺序组织的计算机数据和指令的集合，软件还有以下几种定义。

1. 国标中对软件的定义

指与计算机系统操作有关的程序、规程、规则，以及可能有的文件、文档及数据。

2. 其他定义

（1）指运行时，能够提供所要求功能和性能的指令或计算机程序集合。

（2）指程序能够处理信息的数据结构。

（3）指描述程序功能需求，以及程序如何操作和使用所要求的文档。

3. 以开发语言作为描述语言的定义

软件=程序+数据+文档。

以上简单地从专业角度对软件进行了介绍，那么软件是如何开发出来的呢？

软件是通过程序语言编写完成的，可以编写软件程序的语言如下。

（1）C 语言

（2）C++语言

（3）Java 语言

（4）Python 语言

（5）C#语言

（6）Objective-C/Swift 语言

……

接下来，我们就基于 C 语言详细介绍软件程序的开发过程，带领初学者开启软件世界的“第一扇门”，为后续软件开发课程的学习奠定扎实的基础。

模块2

C语言程序中的输入/输出

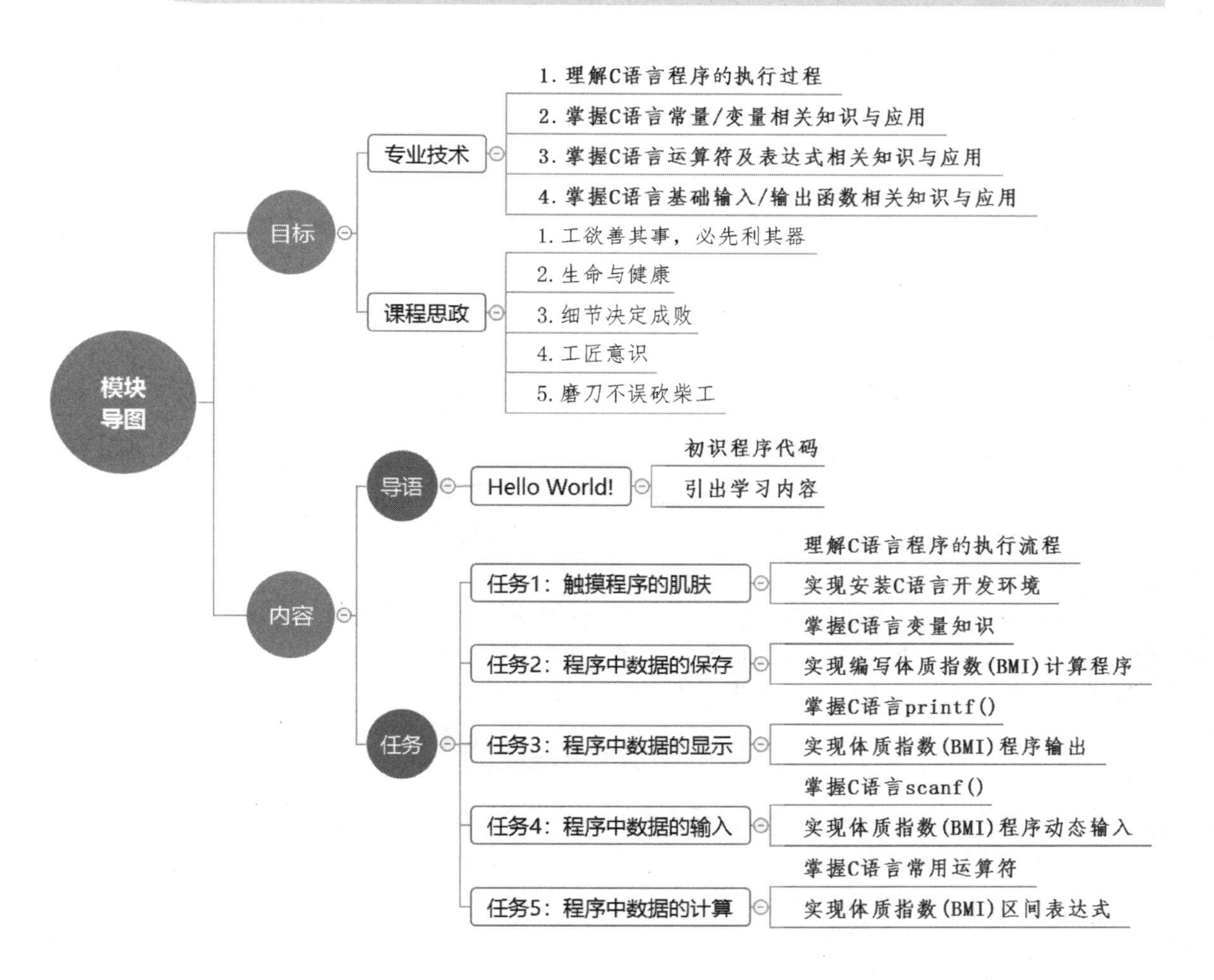

项目导语：Hello World!

从这里开始，我们将开启程序编码生涯。

那么就从“Hello World!”开始吧！

不管学习哪一门程序语言，出现的第一个范例都是“Hello World!”，如图 2.1 所示。

C

```c
#include <stdio.h>
int main()
{
    printf("Hello, World!");
    return 0;
}
```

C#

```csharp
namespace HelloWorld
{
    class Program
    {
        static void Main(string[] args)
        {
            System.Console.Write("Hello, World!");
        }
    }
}
```

Java

```java
public class HelloWorld
{
    public static void main(String[] args)
      {
       System.out.println( "Hello, World!" );
    }
}
```

C++

```cpp
#include <iostream>
using namespace std;
int main()
{
    cout << "Hello, World!" << endl;
        system("pause");
    return 0;
}
```

图 2.1　程序语言中的“Hello World!”

“Hello World!”译为“你好世界！”，它是指编写程序在计算机屏幕上输出“Hello World!”的一行字符串。最初这个例程是在 Brian Kernighan 和 Dennis M. Ritchie 合著的 *The C Programming Language* 中使用的第一个演示程序，后来的程序员在学习编程或进行设备调试时便延续了这个习惯。

其实，程序中的“Hello World!”就是给所有程序员的第一个见面礼，寓意着向计算机语言世界问好，同时也意味着软件的世界中又多了一位成员。所以，“Hello World!”从某种意义上来讲，就是要求我们带着一颗敬畏之心开始 C 语言程序的学习。

初识 C 语言程序

为了能够较全面地介绍 C 语言的相关知识，本模块共设计以下 5 个任务。

任务 1：触摸程序的肌肤。

任务 2：程序中数据的保存。

任务 3：程序中数据的显示。

任务 4：程序中数据的输入。

任务 5：程序中数据的计算。

任务 1　触摸程序的肌肤

目标描述

任务描述
● 目标实现 正确安装配置 C 语言的开发环境，做好开发前的准备工作。 ● 技术层面 理解 C 语言程序的执行流程。 理解软件集成开发环境的意义。 掌握 C 语言语法的基本规范。 ● 课程思政 工欲善其事，必先利其器。

学习活动 1　接领任务

领任务单
● 任务确认 本任务应完成以下内容。 （1）掌握 C 语言的基本语法规范。 （2）正确安装配置 C 语言集成的开发环境。 ● 确认签字 --------------------------------

学习活动 2　分析任务

要完成本任务中的内容就必须学习以下知识。

知识学习：C 语言程序的集成开发环境执行流程和基本语法规范

知识学习

1．集成开发环境	学习笔记
集成开发环境（Integrated Development Environment，IDE）是用于提供程序开发环境的应用程序。它包括代码编辑器、编译器、调试器和图形用户界面等工具。集成了代码的编写功能、分析功能、编译功能、调试功能等一体化的开发软件服务组（套）。所有具备这个特性的软件或软件组都可称为集成开发环境。	

那么用于开发 C 语言程序的集成开发环境有哪些呢？主要有以下 4 种。

（1）Turbo C

它是“爷爷辈”的 IDE，编译速度快，Turbo C 2.0 不支持鼠标，并且不能同时编辑多个文件。

（2）Visual C++ 6.0

它是经典开发工具，体积大（500MB），与流行操作系统有冲突。

（3）Dev C++

它的体积小（9MB），性能不友好，已于 2005 年后放弃更新了。

（4）Code::Blocks

它是目前如日中天的开源免费 C/C++开发工具，专业开发人员推荐使用。本书将以 Code::Blocks 作为开发工具。

2．C 语言程序的执行流程

集成开发环境是将程序代码的编写、分析、编译、调试等功能集成在一起，让开发者专注于代码的编写与实现，而将其他工作交由 IDE 自行完成，可大大提高开发效率。

但作为初学者，还是有必要了解 C 语言程序的真实执行流程的，如图 2.2 所示。

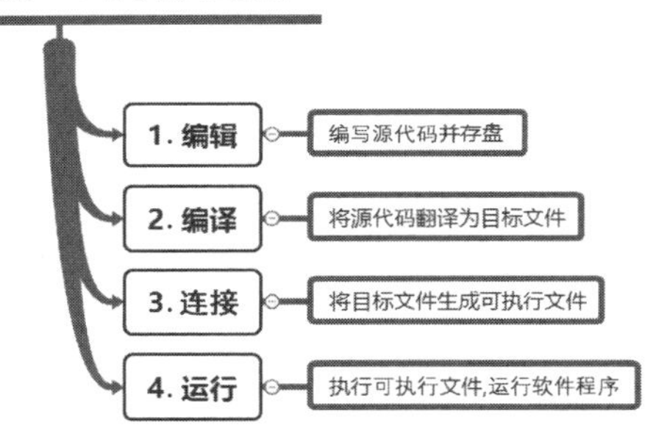

图 2.2　C 语言程序的执行流程示意

说明：

一个 C 语言程序的执行共有 4 个阶段。

（1）编辑：编写程序代码并存盘，这些代码就是源代码。

（2）编译：将编写好的源代码翻译为目标文件。

（3）连接：将目标文件生成可执行文件。

（4）运行：执行可执行文件，运行软件程序。

因为，计算机只能识别二进制数，但编写的程序代码却不是二进制的，所以要经过以上步骤将编写的程序代码转化为计算机能识别的二进制数运行。

使用集成开发环境就可以将这 4 个过程集成在一起，我们只需要关心把程序代码编写好即可。

如何更好地编写程序代码呢？

下面就从 C 语言最基本的一些语法规范开始吧。

3．C 语言的基本语法规范

C 语言是一门程序语言，与学习汉语/英语这类语言一样，具有一定的规范。C 语言程序的代码示范如下：

```
#include <stdio.h>
int main()
{
    //定义长方形的长和宽两个变量
    float width=5.3f;
    float height=8.1f ;
    float  s=width*height;  //计算面积
    //显示面积
    printf("长方形面积是:%f\n",s);
    return 0;
    /*
    其中 return 表示返回语句，0 表示返回的值
    若返回 0 则说明程序正常结束了；若返回的值非 0 则说明程序异常结束
    */
}
```

说明：

（1）C 语言程序必须只有一个入口。程序运行时，从这里开始执行；

（2）main()就是 C 程序处理的起点/入口，它可以返回一个值；

（3）每一行语句结尾都以分号(;) 结束；

（4）命令动词（类似 float）后由空格分开；

（5）所有符号使用英文状态输入；

（6）加注释说明（虽然不是必需的，但非常重要），单行注释以“//”开头，多行注释以“/*”开头，以“*/”结尾。

学习活动 3　制定方案

实现本任务方案

● **实现思路**

通过对本任务的分析及相关知识的学习，制定方案如下：

（1）安装 C 语言集成开发环境；

（2）创建 C 语言项目测试开发环境。

● **实现步骤**

（1）下载 CodeBlocks 软件，并在计算机上安装与配置。

（2）在 CodeBlocks 软件中创建 C 语言项目，用以测试集成开发环境安装的正确性。

学习活动 4　实施实现

任务实现

● 实现代码

（1）到官网下载 Code::Blocks 开发工具。

（2）安装 Code::Blocks 开发工具。

① 找到安装文件，双击它启动安装，进入欢迎界面，如图 2.3 所示，单击“Next”按钮。

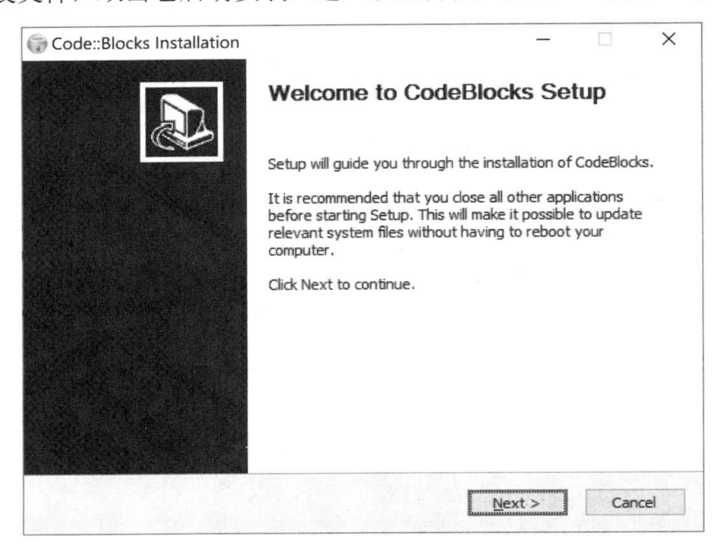

图 2.3　欢迎界面

② 进入版权许可界面，如图 2.4 所示，单击“I Agree”按钮。

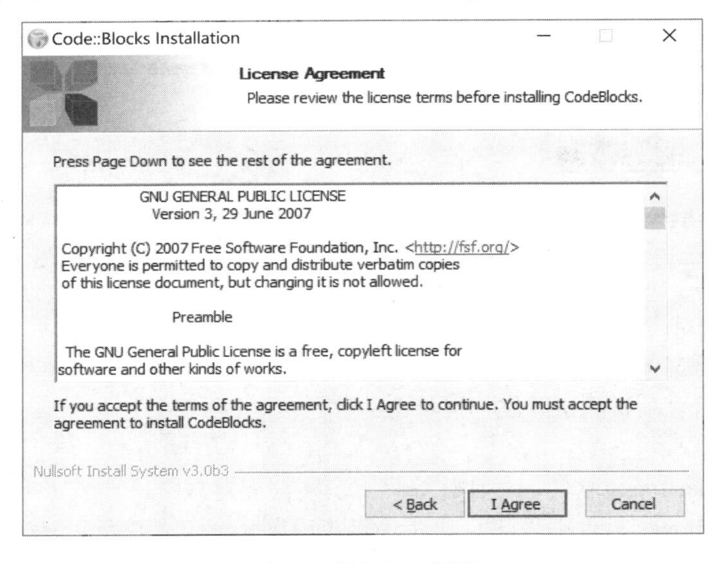

图 2.4　版权许可界面

③ 进入选择界面，如图 2.5 所示，单击“Next”按钮。

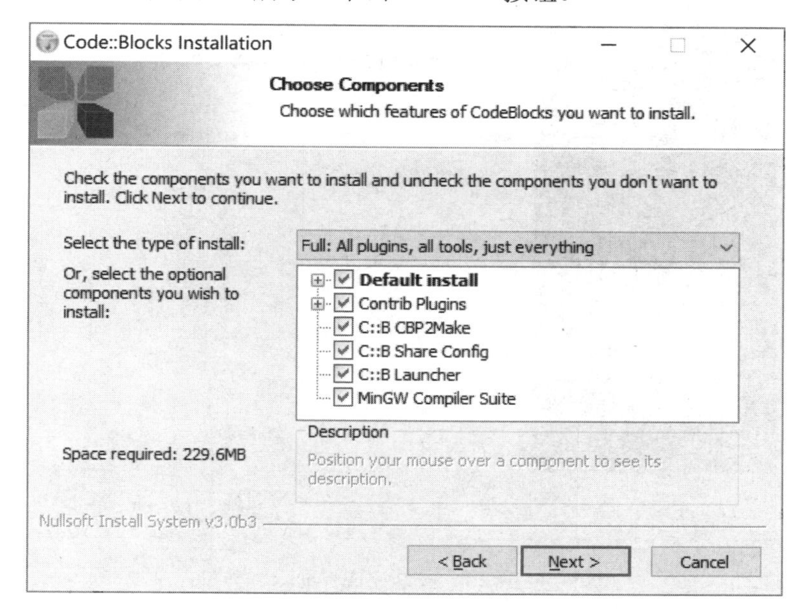

图 2.5　选择界面

④ 进入安装路径界面，如图 2.6 所示，单击“Install”按钮。

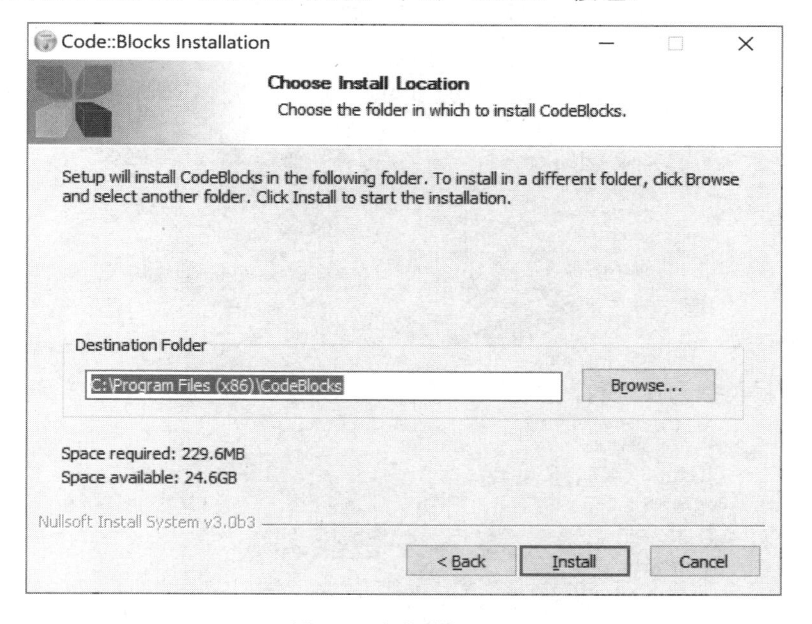

图 2.6　安装路径界面

⑤ 安装完成界面如图 2.7 所示。

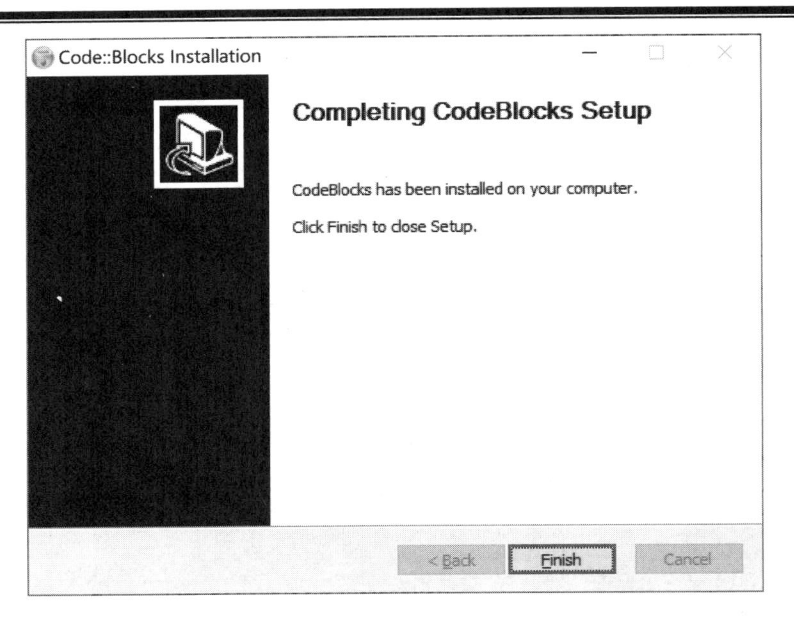

图 2.7　安装完成界面

（3）创建 C 语言项目。

① 启动 Code::Blocks 软件。

② 执行“File”→“New”→“Project…”，如图 2.8 所示。

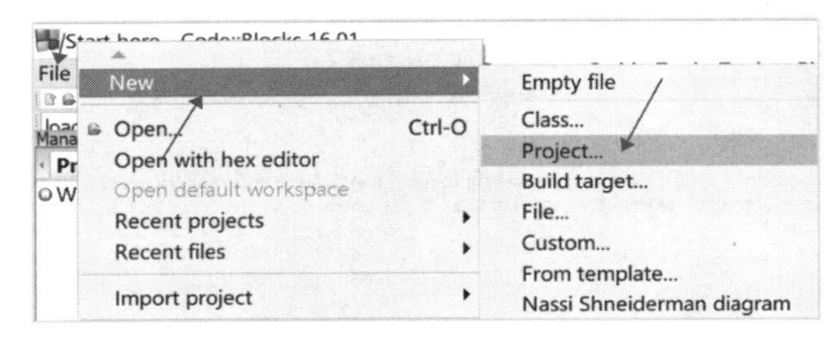

图 2.8　新建 C 语言项目

③ 选择项目类型为控制台，如图 2.9 所示。

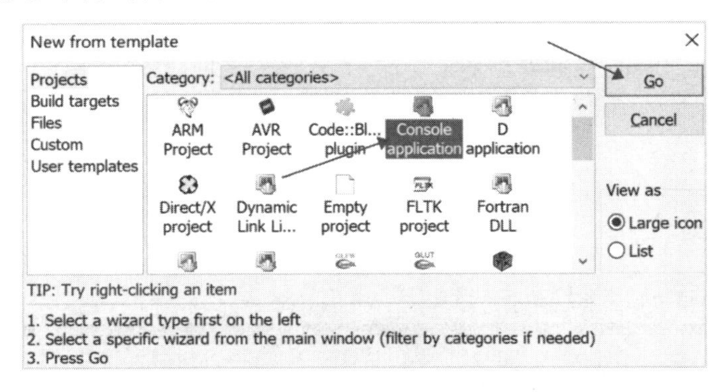

图 2.9　选择项目类型

④ 选择开发语言为C语言，单击“Next”按钮，如图2.10所示。

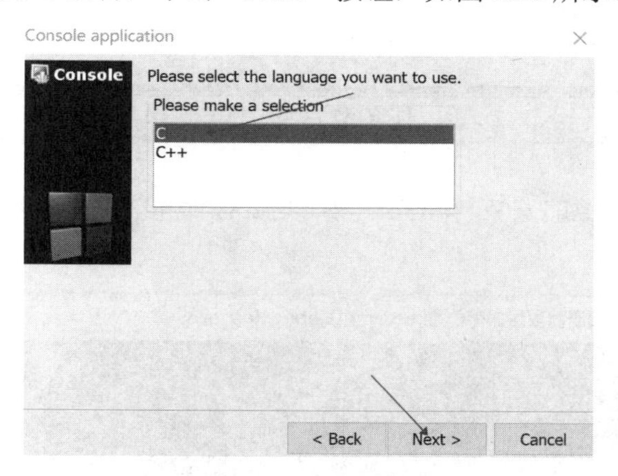

图2.10 选择开发语言项目

⑤ 填写项目名称，选择项目保存位置，如图2.11所示。

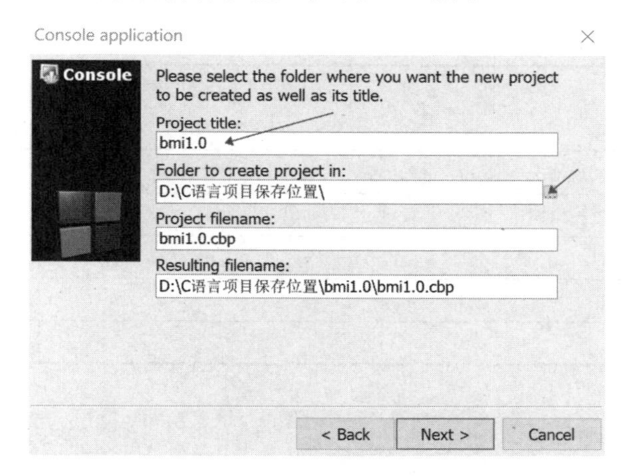

图2.11 填写项目信息

⑥ 展开项目中的“main.c”文件，进入代码编写界面，如图2.12所示。

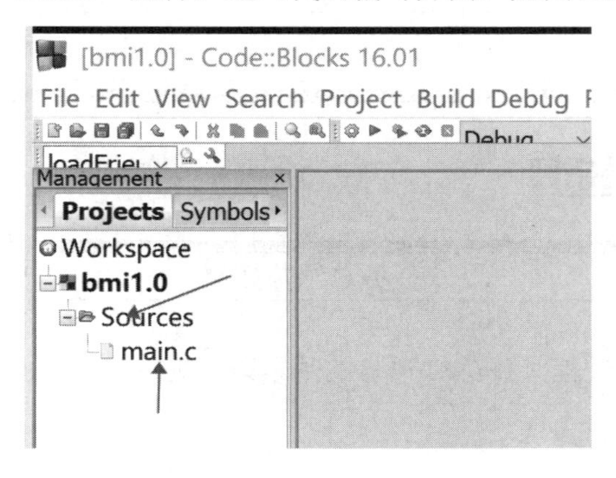

图2.12 代码编写界面

学习活动 5　测试验收

任务测试验收单

● 实现效果

完成 C 语言开发环境的安装与配置管理，其运行程序能够正确显示“Hello World!”的效果，如图 2.13 所示。

```
D:\C语言项目保存位置\test\bin\Debug\test.exe
Hello World!

Process returned 0 (0x0)   execution time : 0.740 s
Press any key to continue.
```

图 2.13　开发环境安装成功显示

● 验收结果

序　　号	验 收 内 容	实 现 效 果				
		A	B	C	D	E
1	任务要求的功能实现情况					
2	开发环境安装与置换情况					
3	掌握知识的情况					
4	程序运行情况					
5	团队协作					

说明：在实现效果对应等级中打“√”。

● 验收评价

验收签字 --

学习活动 6　总结拓展

任务总结与拓展

● 实现效果

理解 C 语言的执行过程，并对 C 语言的基本语法规范有一定的认识，实现对 C 语言开发环境的安装与配置。

● 技术层面

理解 C 语言程序执行流程，以及软件集成开发环境，掌握 C 语言的基本语法规范。

● 课程思政

通过本任务的学习，同学们可掌握 C 语言的执行过程，以及 C 语言开发环境的安装与配置。希望同学们除在技术层面完成任务外，还能对以下哲理有更进一步的思考。

“工欲善其事，必先利其器”的重要性，即只有做好充分的准备工作，才有成功的可能性。

同时也希望同学们能带着一颗敬畏之心去看待事物。

● 任务小结（请在此记录你在本任务中对所学知识的理解与实现本任务的感悟等）

程序之路正式开始

下一回：程序中数据的保存

（编写你的第一个程序）

任务 2　程序中数据的保存

目标描述

任务描述
● 编写程序实现 编写程序实现人的体质指数（BMI）的计算程序。 ● 技术层面 掌握常用的 C 语言数据类型。 掌握变量的定义与使用。 ● 课程思政 生命与健康。

学习活动 1　**接领任务**

领任务单
● 任务确认 实现编写计算人的体质指数（BMI）程序，即完成自己的第一个 C 语言程序。

具体要求如下：

（1）程序能正确计算人的体质指数（BMI）；

（2）掌握 C 语言代码的使用规范（变量命名及注释说明）；

（3）程序能正确运行，并应具有可扩展性。

- 确认签字

学习活动 2　分析任务

使用 C 语言编写一个计算人的体质指数（BMI）程序。

体质指数（Body Mass Index，BMI）是国际上常用的衡量人体胖瘦程度，以及是否健康的一个标准。

体质指数（BMI）=体重（千克）/身高^2（米）。根据体质指数对应的区间对人的健康进行指示，如图 2.14 所示。

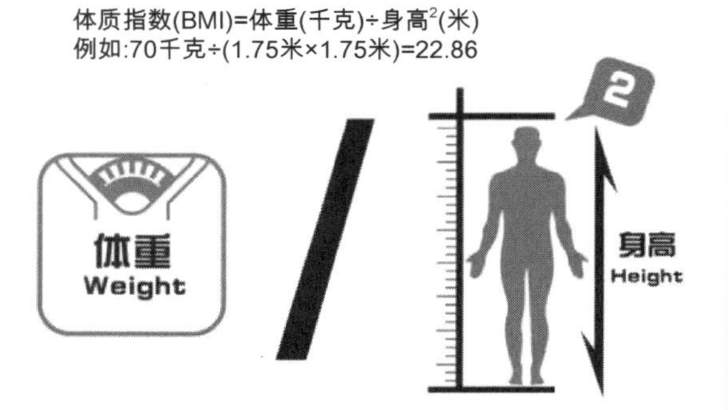

我国BMI指数对照表

分类	BMI指数区间	健康状态
过轻	<18.5	低危险群体
正常	18.5（含）～24	正常
过重	24（含）～27	低危险群体
Ⅰ度肥胖	27（含）～30	轻度肥胖，中危险群体
Ⅱ度肥胖	30（含）～35	中度肥胖，重危险群体
Ⅲ度肥胖	≥35	病状肥胖

图 2.14　BMI 计算方法示意

通过分析，实现计算人的体质指数（BMI）的程序，将涉及体重数据、身高数据和计算结果这 3 个数据。

那么在程序中，采用什么方式来保存或记录这些数据呢？

知识学习：C 语言的变量

1．程序执行的原理	学习笔记
在运行时，计算机会将程序代码及程序运行的所有数据都加载到内存中，如图 2.15 所示。 大家可以抽象地理解为内存中有很大的空间进行数据存储，如图 2.16 所示。 这么大的空间，怎么才能知道数据存放在哪儿呢？ 程序通过使用变量的方式来对内存进行访问与数据的存储。	

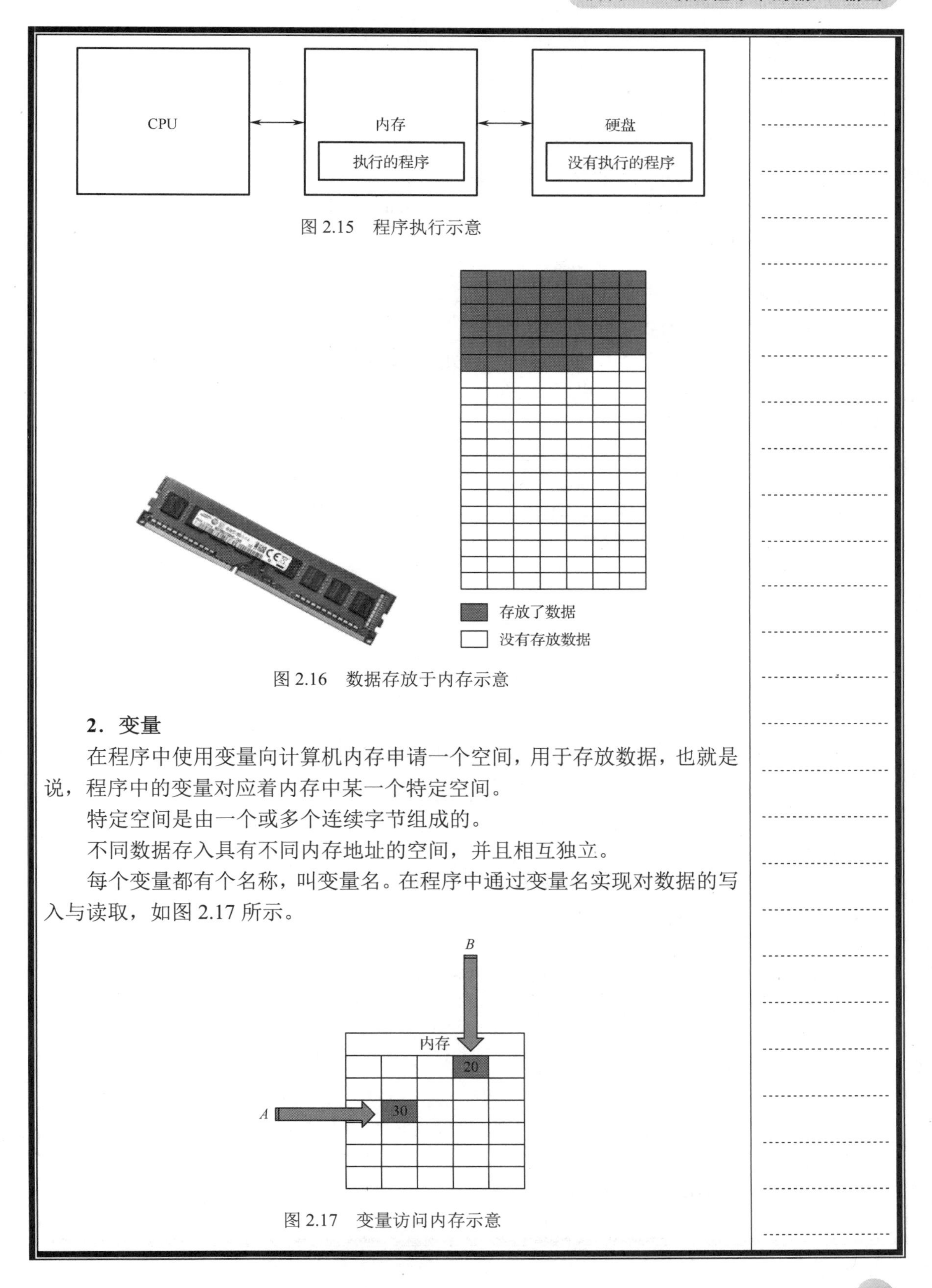

图 2.15　程序执行示意

图 2.16　数据存放于内存示意

2．变量

在程序中使用变量向计算机内存申请一个空间，用于存放数据，也就是说，程序中的变量对应着内存中某一个特定空间。

特定空间是由一个或多个连续字节组成的。

不同数据存入具有不同内存地址的空间，并且相互独立。

每个变量都有个名称，叫变量名。在程序中通过变量名实现对数据的写入与读取，如图 2.17 所示。

图 2.17　变量访问内存示意

3．变量的命名

C 语言规定变量名（标示符）只能由字母、数字和下画线 3 种字符组成，且第一个字符必须为字母或下画线。

变量名不能包含除“_”以外的任何特殊字符，如%、#等。同时也不可以使用 C 语言系统已使用的保留字。

正确的变量名：Radiu、salary、AotuGun、Knotted_Wool、H301。

非法的变量名：9_Ball、6_pack、Hash!。

变量命名时，最好做到见名知意。

4．数据类型

在现实生活中数据是有类型之分的，在 C 语言中也一样，不同的数据可代表不同的数据类型，也可以说数据的类型决定了数据范围。

不同类型的变量，在内存中申请的空间大小也是不一样的，只有类型一致的数据才会放入相应的空间中。

C 语言常用的数据类型如图 2.18 所示。

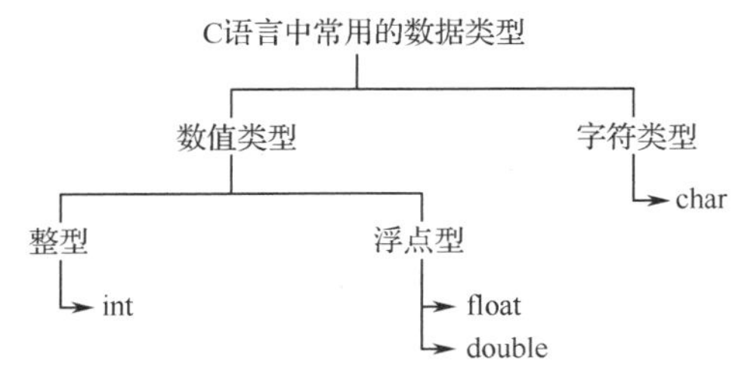

图 2.18　C 语言常用的数据类型

5．变量定义

变量必须先声明，才可以使用。声明变量有以下 3 种方式。

（1）声明变量，即定义变量名，其格式：

DataType variableName;

如 int　stuAge;

（2）初始化变量，即给变量赋初始值，其格式：

DataType variableName = value;

如 int　stuAge=18;

（3）变量声明及初始化，也可以这样，其格式：

DataType variableName;

variableName = value;

如：int　stuAge;

　　　stuAge=18;

另外，同一种类型的变量可以同时声明多个，如：

```
//一次声明多个同类型变量
int   stuAge,stuWidth, stuHeight;
stuAge=18;
```

stuWidth=65;

StuHeight =175;

6．变量的使用

计算兄妹共有多少钱？

```
int gg,mm, sum;
gg=1500;
mm=2200;
sum=gg+mm;
```

求长方形的面积。

```
float width=5.3f;
float height=8.1f ;
float s=width*height;
```

求圆的面积。

```
double r =4.9 ;
double area = 3.1415926 * r * r;
```

学习活动3　制定方案

实现本任务方案

● **实现思路**

通过对本任务的分析及相关知识学习，制定方案如下：

（1）创建项目；

（2）定义3个float类型的变量（分别用于存放体重数据、身高数据和计算后的BMI）；

（3）计算结果。

● **实现步骤**

（1）在CodeBlocks软件中创建一个新项目，项目名称为BMI。

（2）在main.c文件中，按实现思路编写代码。

学习活动4　实施实现

任务实现

● **实现代码**

（1）创建项目。打开CodeBlocks软件，创建一个新的控制台项目，项目名称输入为BMI。

（2）打开项目中的main.c文件，进入编辑界面。

（3）在main()中按实现思路完成本任务，其代码如下：

```
int main()
{
    //定义变量
    float height,weight,bmi;
    height=1.71f;   //身高 1.71 米
```

```
        weight=65;  //体重 65 千克
        //计算 BMI
        bmi=weight/(height*height);

        return 0;
}
```

（4）运行程序。

学习活动 5　测试验收

任务测试验收单

● **实现效果**

编写 C 语言程序，实现 BMI 的计算程序。

按制定的方案进行任务实现，在正确的情况下，任务实现的效果如图 2.19 所示，但没有显示出计算的结果。

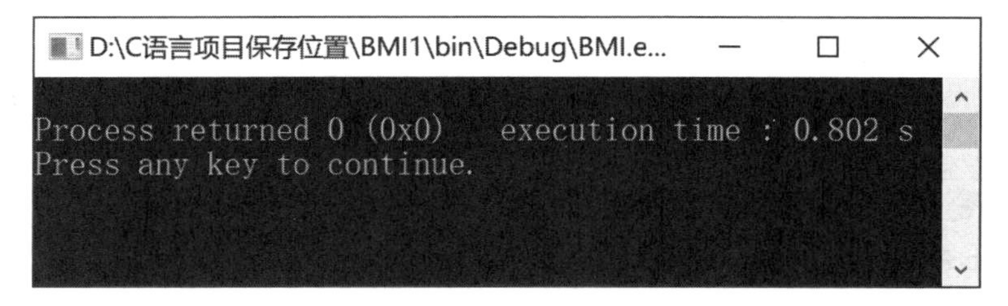

图 2.19　任务运行效果

● **验收结果**

序　号	验 收 内 容	实 现 效 果				
		A	B	C	D	E
1	任务要求的功能实现情况					
2	使用代码的规范性（变量命名、注释说明）					
3	掌握知识的情况					
4	程序性能及健壮性					
5	团队协作					

说明：在实现效果对应等级中打“√”。

● **验收评价**

验收签字--------------------------------

学习活动 6　总结拓展

<table>
<tr><th>任务总结与拓展</th></tr>
<tr><td>
● 实现效果
本任务让同学们完成了自己的第一个 C 语言程序的编写，实现了人的体质指数（BMI）的计算，但是没有显示出结果。
● 技术层面
掌握 C 语言的变量和数据类型。
● 课程思政
程序语言可以实现无穷的功能，本次选择 BMI 这个程序，是因为健康是我们最宝贵的财富。
希望同学们不但要学会相应的 C 语言技术知识，还要明白生命与健康的意义。
● 教学拓展
本任务没有将计算结果进行显示，同学们可以试着将其实现。
● 任务小结（请在此记录你在本任务中对所学知识的理解与实现本任务的感悟等）
</td></tr>
</table>

老师，什么也没有显示

下一回：程序中数据的显示

（让程序可以显示结果）

任务 3　程序中数据的显示

目标描述

<table>
<tr><th>任务描述</th></tr>
<tr><td>
● 编写程序实现
对上个任务完成的 BMI 程序进行优化，实现对计算结果的显示。
● 技术层面
掌握程序输出的方法。
</td></tr>
</table>

掌握 printf()输出函数的方法。

- **课程思政**

细节决定成败。

学习活动 1 接领任务

领任务单

- **任务确认**

通过对上次编写的 BMI 程序进行改进，实现程序的显示。

具体要求如下：

（1）实现对上次编写的 BMI 程序的显示；

（2）掌握 C 语言代码的使用规范（变量命名及注释说明）；

（3）程序能正确运行，并应具有可扩展性。

- **确认签字**

学习活动 2 分析任务

对上次编写的 BMI 程序进行改进，实现对数据的显示功能。

上次任务实现的 BMI 程序，虽然完成了计算，但运行时什么也不显示。这是因为我们只完成了计算部分，并没有编写将结果输出显示的代码，所以没有在屏幕上显示出结果。

在程序的世界中，输出是指输出程序计算的结果，包括的内容如下：

（1）输出显示到屏幕上；

（2）输出到文件中保存；

（3）输出到打印机中打印。

本任务详细介绍 C 语言中的格式输出函数，实现在屏幕上显示结果。

知识学习：C 语言格式输出 printf()

知识学习

	学习笔记
1．格式输出 printf() 在 C 语言中使用格式输出 printf()，实现将数据按指定的格式显示在屏幕上。 格式输出的函数语法： **printf("格式控制", 输出项);** 格式输出函数既然是按格式要求进行显示的，那么什么是格式呢？ **2．格式控制符** C 语言中格式字符串的一般形式为%类型。	

类　型	说　明
c	输出单个字符
d	以十进制形式输出带符号的整数（正数不输出符号）
e	以指数形式输出单、双精度实数
E	以指数形式输出单、双精度实数
f	以小数形式输出单、双精度实数
i	有符号十进制整数（与%d 相同）
o	以八进制形式输出无符号整数（不输出前缀 O）
s	输出字符串
x	以十六进制形式输出无符号整数（不输出前缀 OX）
X	以十六进制形式输出无符号整数（不输出前缀 OX）
u	以十进制形式输出无符号整数

常用的 C 语言中格式字符串的 4 种类型如下：

类　型	说　明
c	输出单个字符
d	以十进制形式输出带符号整数（正数不输出符号）
f	以小数形式输出单、双精度实数
s	输出字符串

3. 格式输出函数应用的示例

输 出 语 句	输 出 结 果	说　明
printf("Code,是一种艺术");	Code,是一种艺术	原样输出
printf("结果是：%f", 12.04);	结果是：12.04	对应替换
printf("这个数是：%d", 10);	这个数是：10	对应替换
printf("一个 %c 字符", 'a');	一个 a 字符	对应替换
printf("你好, %s！你的等级为：%d, 学生叫你 %s 。", "罗勇",100 , "LuoSir");	你好，罗勇！你的等级为：100, 学生叫你 LuoSir	对应替换

说明：

（1）没有格式符的情况下，原样输出，如

printf("Code,是一种艺术");

（2）只有一个格式符时，根据格式符的要求输出，如

printf("结果是：%f", 12.04);　//输出一个小数

printf("这个数是：%d", 10);　//输出一个整数

printf("一个 %c 字符", 'a');　//输出一个字符

（3）同时有多个格式符时，格式符从第一个开始依次对应后面的输出值，输出值之间使用逗号分开，如

printf("你好, **%s**！你的等级为：**%d**, 学生叫你 **%s**", "罗勇",100 , "LuoSir");

第 1 个格式符**%s** 对应第 1 个值：罗勇；

第 2 个格式符**%d** 对应第 2 个值：100；

第 3 个格式符**%s** 对应第 3 个值：LuoSir；

具体对应如上表所示的显示结果。

4．printf 格式输出函数实战

显示枪械信息的效果如图 2.20 所示。

```
SCAR-L(自动步枪)
------------------------------------------
弹药：5.560000 mm子弹
弹夹：30 发
扩容：40 发
获取：拾取
------------------------------------------
威力：41
有效射程：600
射程：625
后坐力：9000
------------------------------------------
```

图 2.20　显示枪械信息的效果

其代码如下：

```
int main()
{
    //显示数据
    printf("SCAR-L(%s)\n","自动步枪");    printf("------------------------------------------\n");
    printf("弹药：%f mm 子弹\n",5.56);
    printf("弹夹：%d 发\n",30);
    printf("扩容：%d 发\n",40);
    printf("获取：拾取\n");
    printf("------------------------------------------\n");
    printf("威力：%d\n",41);
    printf("有效射程：%d\n",600);
    printf("射程：%d\n",625);
    printf("后坐力：%d\n",9000);
    printf("------------------------------------------\n");
    return 0;
}
```

学习活动 3　制定方案

实现本任务方案

● **实现思路**

通过对本任务的分析及相关知识学习，制定方案如下：

（1）打开上次任务实现的 BMI 程序；

（2）在上次计算 BMI 值的代码后增加显示输出结果的代码；

（3）运行显示结果。

● 实现步骤

（1）在 CodeBlocks 软件中打开上次实现的 BMI 项目。

（2）在 main.c 文件中按实现思路编写代码，完成本任务。

学习活动 4　实施实现

任务实现

● 实现代码

（1）启动 CodeBlocks 软件，打开 BMI 项目。

操作步骤如下：

执行“File”→“Open…”，如图 2.21 所示。

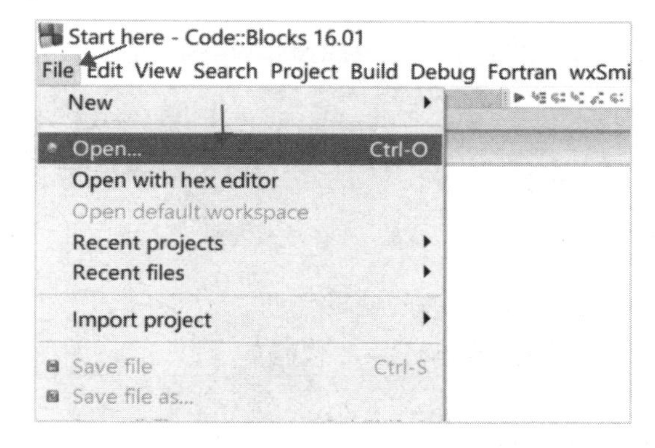

图 2.21　打开项目

找到保存 BMI 程序的位置，单击“打开”按钮，如图 2.22 所示。

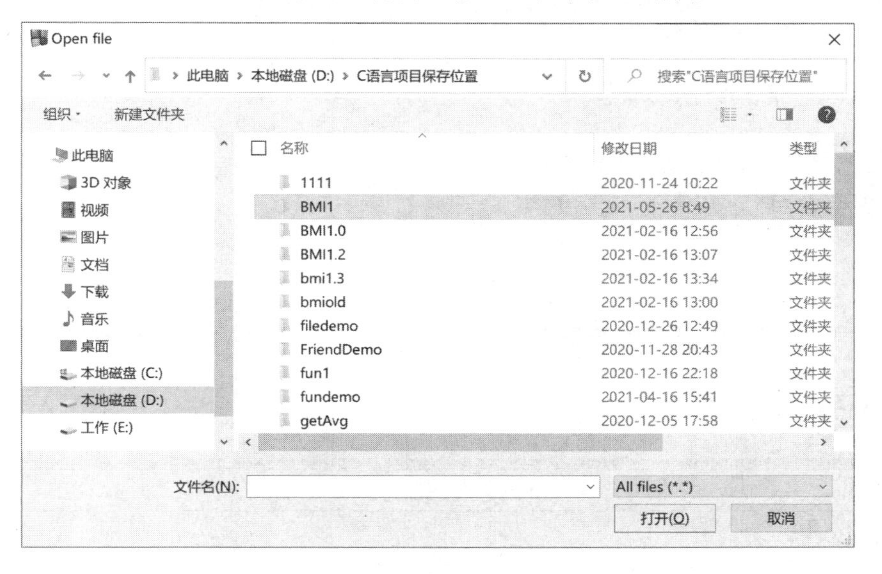

图 2.22　选择项目保存位置

选择 BMI.cbp 文件，单击“打开”按钮，如图 2.23 所示。

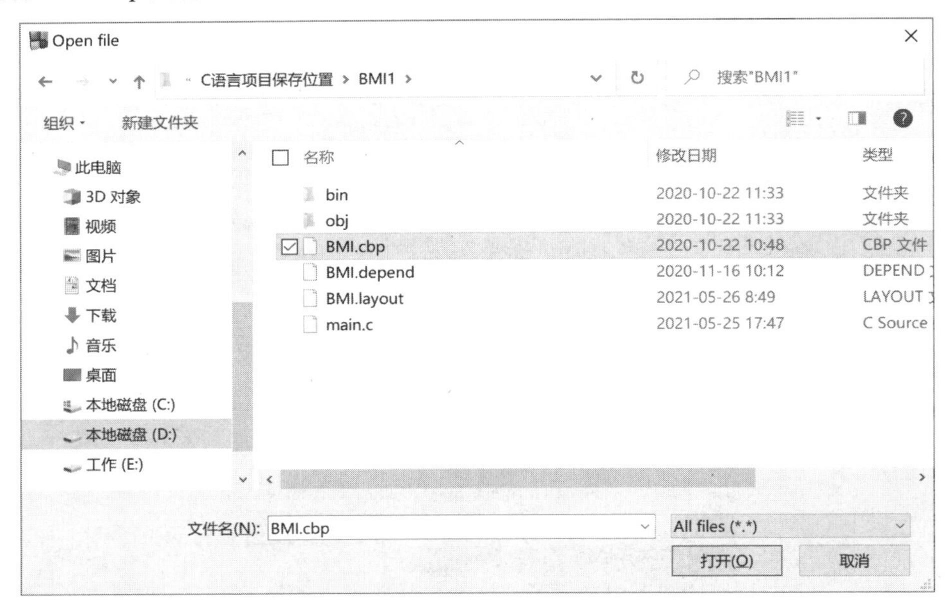

图 2.23　选择项目文件

（2）打开项目中的 main.c 文件，进入编辑界面。

（3）在 main()中按实现思路完成本任务，代码如下：

```
int main()
{
    //定义变量
    float height,weight,bmi;
    height=1.71f;   //身高 1.71 米
    weight=65;   //体重 65 千克
    //计算 BMI 值
    bmi=weight/(height*height);

    //显示 BMI 值(本任务完成）
    printf("你的 BMI 值是：%f",bmi);
    return 0;
}
```

（4）运行程序。

学习活动 5　测试验收

任务测试验收单
● 实现效果 实现 BMI 程序显示结果的功能。 按制定方案进行任务实现，在正确的情况下，任务运行效果如图 2.24 所示，可以正确

地显示出计算结果。

```
D:\C语言项目保存位置\BMI1\bin\Debug\BMI.exe
你的BMI值是：22.229061
Process returned 0 (0x0)   execution time : 0.487 s
Press any key to continue.
```

图 2.24　任务运行效果

● **验收结果**

序　号	验 收 内 容	实 现 效 果				
		A	B	C	D	E
1	任务要求的功能实现情况					
2	使用代码的规范性（变量命名、注释说明）					
3	掌握知识的情况					
4	程序性能及健壮性					
5	团队协作					

说明：在实现效果对应等级中打“√”。

● **验收评价**

验收签字--

学习活动 6　总结拓展

任务总结与拓展

● **实现效果**

对上次任务完成的 BMI 程序进行显示功能的实现。

● **技术层面**

介绍了 C 语言的格式输出 printf()的相关知识。通过该函数可以实现将数据显示在屏幕上，但一定要在格式规定的要求下进行。因此，同学们在使用这个函数时一定要细心。应根据显示的数据类型选择好对应的格式符，同时显示多个数据时，要有对应个数的格式符。

● **课程思政**

printf()函数根据格式规定显示效果。所以，同学们在使用这个函数时一定要细心。希望同学们在生活中也是如此，记住细节决定成败！

● **教学拓展**

完成了对计算结果的显示，但这个程序的结果是不变的。请同学们试着修改程序，让不同的数据“动”起来。

- **任务小结**（请在此记录你在本任务中对所学知识的理解与实现本任务的感悟等）

是否发现了什么问题

目前，这个程序运行的结果是不变的。能不能实现根据用户的输入值进行动态计算呢？

下一回：程序中数据的输入

（实现用户输入数据，让结果“动”起来）

任务 4　程序中数据的输入

目标描述

任务描述
● 编写程序实现 对上次任务完成的 BMI 程序继续进行优化，实现程序在运行时，由用户输入身高和体重，从而实现不同的计算结果。 ● 技术层面 掌握程序输入的方法。 掌握 scanf()输入函数的方法。 ● 课程思政 工匠精神。

学习活动 1　接领任务

领任务单
● 任务确认 对上次任务编写的 BMI 程序进行改进，实现程序在运行时，由用户输入身高和体重的数据后实现不同的计算结果。 具体要求如下： （1）对上次任务实现的 BMI 程序进行改进； （2）在程序运行时，由用户输入身高和体重；

（3）输入不同的数据，其计算结果也相应不同；
（4）掌握C语言代码的使用规范（变量命名及注释说明）；
（5）程序能正确运行，并具有可扩展性。
● 确认签字

学习活动 2　分析任务

对上次编写的 BMI 程序进行改进，实现程序在运行时由用户输入身高和体重，从而实现不同的计算结果。

在之前的任务中，用户的身高和体重都是在程序中编写的固定值，只要不去源代码中修改程序的值，那么这个程序运行的结果都一样。但在现实生活中，我们每个人的身高和体重是不同的，用户只有输入自己的数据计算出来的结果才有意义。

在程序的世界中，输入指的是程序在运行时，等待用户从键盘输入数据的过程。例如，输入游戏账号和密码进入游戏，输入密码完成支付操作等。

输入，来自于程序的无声表达

快点！等着你输入数据，我好开始计算。

知识学习：C 语言格式输入 scanf()

1．格式输入 scanf()

在 C 语言中使用格式输入 scanf()，实现从键盘输入数据到程序中。

格式输入函数语法：

scanf("格式控制", &变量列表);

格式控制符与输出函数一样，常用的 C 语言中格式字符串的类型如下。

类　型	说　明
c	输出单个字符
d	以十进制形式输出带符号整数（正数不输出符号）
f	以小数形式输出单、双精度实数
s	输出字符串

特别说明：

（1）使用 scanf()时，可将从键盘上输入的数据保存到程序的某一个变量中，所以在使用该函数时必须先定义好变量；

（2）使用 scanf()时，变量名前必须加“&”符号，其代码如下：

```
int main()
{
    //定义保存数据的变量
```

学习笔记

```
    float R=0,S=0;
    //输入数据
    printf("请输入圆的半径 r:");
    scanf("%f",&R);   //输入数据到变量中
    //计算
    S=3.14*R*R;
    //显示
    printf("圆面积为:%f",S);
    return 0;
}
```

学习活动 3　制定方案

实现本任务方案

- 实现思路

通过对本任务的分析及相关知识学习，制定方案如下：

（1）打开上次任务实现的 BMI 程序；

（2）将身高和体重赋初值为 0；

（3）使用格式输入身高和体重，并保存到对应的变量中；

（4）运行程序。

- 实现步骤

（1）在 CodeBlocks 软件中打开上次实现的 BMI 项目。

（2）在 main.c 文件中，按实现思路编写代码。

学习活动 4　实施实现

任务实现

- 实现代码

（1）启动 CodeBlocks 软件，打开 BMI 项目。

（2）打开项目中的 main.c 文件，进入编辑界面。

（3）在 main()中按实现思路完成本任务，其代码如下：

```
int main()
{
    //定义变量
    float height,weight,bmi;
    //-----------------本任务---------------//
    height=0;   //身高
    weight=0;   //体重

     //输入数据
```

```
        printf("请输入您的身高（单位：米）:");
        scanf("%f",&height);    //输入数据到变量中
        printf("请输入您的体重（单位：千克）:");
        scanf("%f",&weight);    //输入数据到变量中

        //-----------------本任务--------------//

        //计算 BMI
        bmi=weight/(height*height);
        //显示 BMI 值
        printf("你的 BMI 值是：%f",bmi);
        return 0;
    }
```

（4）运行程序。

学习活动 5　测试验收

任务测试验收单

● 实现效果

实现人的体质指数（BMI）程序，在运行时能够动态输入数据的功能。

按制定方案进行任务实现，在正确的情况下，其效果如图 2.25 所示，用户输入不同的数据，相应的结果也不同。

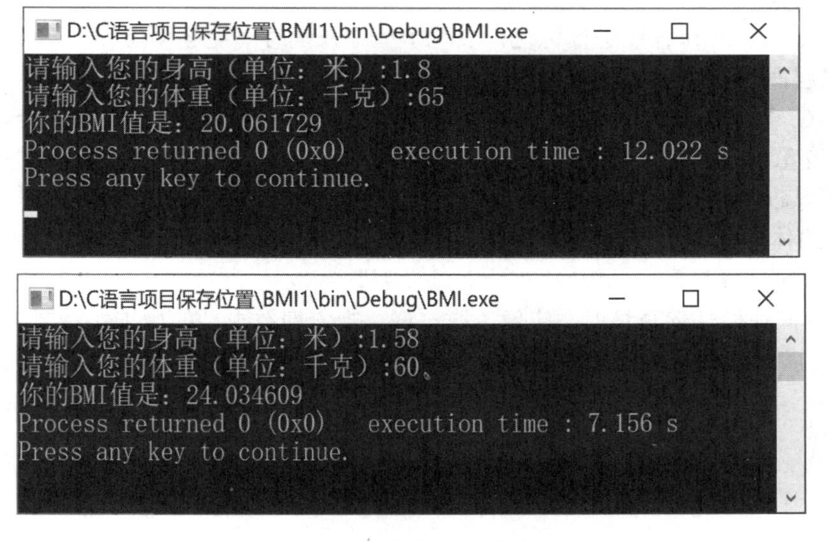

图 2.25　任务运行效果

- 验收结果

序　号	验收内容	实现效果				
		A	B	C	D	E
1	任务要求的功能实现情况					
2	使用代码的规范性（变量命名、注释说明）					
3	掌握知识的情况					
4	程序性能及健壮性					
5	团队协作					

说明：在实现效果对应等级中打“√”。

- 验收评价

验收签字 ______________________________

学习活动 6　总结拓展

任务总结与拓展

- 实现效果

对上次完成的 BMI 程序进行优化，实现了程序在运行时能够动态输入数据的功能。

- 技术层面

介绍了 C 语言的格式输入 scanf()的相关知识。通过该函数可以将从键盘输入的数据保存到程序的变量中，从而实现用户输入。

- 课程思政

虽然人的体质指数程序已实现了输入（Input）、计算/处理（Process）、输出（Output）的过程，但程序计算显示出的 BMI 有什么意义呢？

所以，我们在做任何事情时，应像工匠一样，饱含精益求精的精神去精雕细琢每一件作品，做一个“勤于学习、善于思考、勇于实践、敢于创新”的人。

- 任务小结（请在此记录你在本任务中对所学知识的理解与实现本任务的感悟等）

让程序理解 BMI 的含义

下一回：程序中数据的计算

（认识程序中的计算与表达）

任务 5 程序中数据的计算

目标描述

任务描述
● 目标实现 通过上次任务完成的 BMI 程序引出的问题，实现程序对数据区间的表示。 ● 技术层面 掌握算术运算。 掌握关系运算。 掌握逻辑运算。 掌握赋值运算。 ● 课程思政 磨刀不误砍柴工。

学习活动 1 接领任务

领任务单
● 任务确认 实现对 C 语言运算符及表达的学习，实现体质指数区间程序的表示。 具体要求如下： （1）根据 BMI 参照表，利用关系运算符和逻辑运算符实现对 BMI 值区间的表示； （2）不要求在程序中完成，可在实现单中手写填入； （3）书写规范，说明清楚。 ● 确认签字 --

学习活动 2 分析任务

使用 C 语言程序来表示 BMI 值的区间，我国 BMI 指数对照表如图 2.26 所示。

我国BMI指数对照表		
分类	BMI指数区间	健康状态
过轻	<18.5	低危险群体
正常	18.5（含）～24	正常
过重	24（含）～27	低危险群体
Ⅰ度肥胖	27（含）～30	轻度肥胖，中危险群体
Ⅱ度肥胖	30（含）～35	中度肥胖，重危险群体
Ⅲ度肥胖	⩾35	病状肥胖

图 2.26　我国 BMI 指数对照表

知识学习：C 语言运算符及表达式

学习笔记

1. 算术运算符

算术运算符是指处理四则运算的符号。

运　算　符	描　　述	举例（设 A=10，B=2）
+	相加求和	A+B，结果为 12
-	相减求差	A-B，结果为 8
*	相乘求积	A*B，结果为 20
/	相除求商	A/B，结果为 5
%	求整除后的余数	A%B，结果为 0
++	自增，每次+1	A++，结果为 11
--	自减，每次-1	B--，结果为 1

2. 关系运算符

可以把关系运算理解为一种“判断”，其判断的结果是“真”或“假”。

运　算　符	描　　述	举例（设 A=10，B=2）
==	等于。判断两个操作数是否相等，若相等则结果为真；若不相等则结果为假	A==B，结果为假
!=	不等于。判断两个操作数是否相等，若不相等则结果为真	A!=B，结果为真
>	大于	A>B，结果为真
<	小于	A<B，结果为假
>=	大于或等于	A>=B，结果为真
<=	小于或等于	A<=B，结果为假

3. 逻辑运算符

逻辑运算符是指处理逻辑运算的符号。

运　算　符	描　　述	举例（设：A=10，B=2，C=5）
&&	逻辑与。两个操作数进行与运算，若两操作数都为真，则结果为真	A>B && B>C，结果为假
||	逻辑或。两个操作数进行或运算，若其中一操作数为真，则结果为真	A>B || B>C，结果为真
!	逻辑非。单操作运行，真变假，假变真	! (A>B)，结果为假 ! (B>C)，结果为真

为了更好理解逻辑运算的含义，以下分别对逻辑与、逻辑或、逻辑非 3 种运算进行举例（假设，真为 0，假为 1）。形成 3 种运算的真值表，如图 2.27 所示。

A	B	A&&B
0	0	0
0	1	0
1	0	0
1	1	1

逻辑与

A	B	A||B
0	0	0
0	1	1
1	0	1
1	1	1

逻辑或

A	!A
0	1
1	0

逻辑非

图 2.27　逻辑运算的真值表

4．表达式

由运算符组成的式子称为表达式。

（1）算术表达式

如：int a=2+6*3+15；

结果为 a=35。

（2）关系表达式

如：

int x=10；

int y=11；

x>0，结果为真（1）。

y!=6+5，结果为假（0）。

（3）逻辑表达式

如：

int x=10；

int y=11；

(x>0 && y>0)，结果为真（1）。

（4）赋值表达式

如：

int a=65；

（5）其他

假设：

int a=5；
那么：
+=：a+=1；相当于 a=a+1；结果为 a=6；
−=：a−=1；相当于 a=a−1；结果为 a=4；
=：a=2；相当于 a=a*2；结果为 a=10；
/=：a/=1；相当于 a=a/1；结果为 a=5。

学习活动 3　制定方案

实现本任务方案

● 实现思路

通过对本任务的分析及相关知识学习，制定方案如下：

（1）假设体质指数值保存在 BMI 变量中；

（2）使用关系运算符和逻辑运算符实现 BMI 值区间的表示。

学习活动 4　实施实现

任务实现

● 实现代码

假设体质指数保存在 BMI 变量中，使用关系运算符和逻辑运算符完成 BMI 值区间的表示，在以下表格中完成填写工作。

分　类	BMI 指数区间	程序中对应的表达式（假设以变量 BMI 来表示结果）
过轻	<18.5	
正常	18.5（含）～24	
过重	24（含）～27	
I 度肥胖	27（含）～30	
II 度肥胖	30（含）～35	
III度肥胖	≥35	

在以上表格中完成填写。

学习活动 5　测试验收

任务测试验收单

● 实现效果

本任务不要求在程序中完成。实现对 BMI 值区间使用程序的方式来表示，实现后的参考如下所示。

分　　类	BMI 指数区间	程序中对应的表达式（假设以变量 BMI 来表示结果）
过轻	<18.5	BMI < 18.5
正常	18.5（含）～24	BMI>=18.5 && BMI <24
过重	24（含）～27	BMI>=24 && BMI <27
Ⅰ度肥胖	27（含）～30	BMI>=27 && BMI <30
Ⅱ度肥胖	30（含）～35	BMI>=30 && BMI <35
Ⅲ度肥胖	≥35	BMI>=35

● 验收结果

序　　号	验 收 内 容	实 现 效 果				
		A	B	C	D	E
1	任务要求的功能实现情况					
2	使用代码的规范性（变量命名、注释说明）					
3	掌握知识的情况					
4	程序性能及健壮性					
5	团队协作					

说明：在实现效果对应等级中打“√”。

● 验收评价

验收签字____

学习活动 6　总结拓展

任务总结与拓展

● **实现效果**

使用 C 语言的关系运算符和逻辑运算符实现对 BMI 值区间的表示。

● **技术层面**

掌握 C 语言中常用运算符及其运算表达式，在这个实现过程中，始终以 BMI 程序引出所学内容。

● **课程思政**

希望同学们在处理任何事务时都不急不躁，确定目标后一步一步地去实现或解决，做个静心之人。另外，希望同学们明白“磨刀不误砍柴工”的道理，打牢基础，为后续的学习奠定基础。

● **任务小结**（请在此记录你在本任务中对所学知识的理解与实现本任务的感悟等）

让程序能够做出判断

实现区间的表示后，程序怎么才能知道属于哪个区间呢？

下一回：进入模块 3　C 语言程序中的分支结构应用

（开启程序的“选择”模式，让程序能够进行判断）

模块3

C语言程序中的分支结构应用

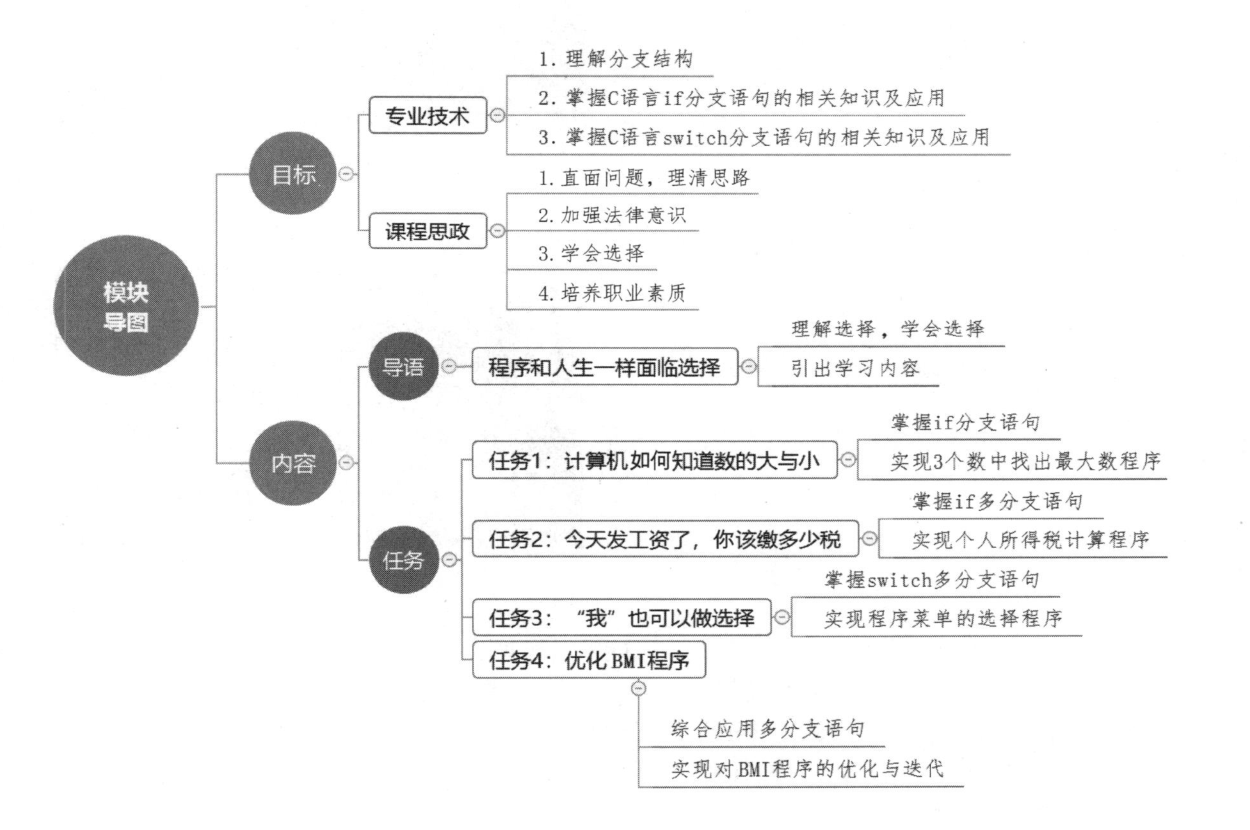

项目导语：程序和人生一样面临选择

1. 生活中的选择

在日常生活中，我们经常需要进行各种选择，人生就是一个不断选择的过程。

选择就意味着不得不放弃一些东西，同时也是人生的价值所在。因为我们可以在不断选择中茁壮成长，规划自己的人生，走一条适合自己的路，如图 3.1 所示。

人生之路

人生之路千万条，

我的人生该如何设计呢？

图 3.1 人生之路

在生活中，我们所见到的路标也是一种选择，如图 3.2 所示。

我去哪

它只是一个路标吗？

图 3.2 生活中的路标

路标指示着能到达的目的地，但我们不可能同时选择去不同的地方，只能有一个目的地，那个决定我们做出选择的因素就是动机（条件）。例如，我要去教学楼听课，所以选择去教学楼的路；我要回宿舍休息，那就选择去学生宿舍的路。

所以，我们内心的动机决定着如何去选择。

2. 程序中的选择

上面给大家分享了一些生活中的选择，接下来，说说程序中的选择。

程序中的结构分为顺序结构、分支结构和循环结构。下面介绍其中的一种结构，即分支结构（或选择结构）。

分支结构说明如下：

① 如果条件成立，则选择执行程序块 A 代码，然后再执行分支结构外的程序块 C；

② 如果条件不成立，则选择执行程序块 B 代码，然后再执行分支结构外的程序块 C；

③ 如图 3.3 所示，程序块 A 和程序块 B 构成了一个选择，只能选择一个来执行，决定选择的就是条件（动机）。

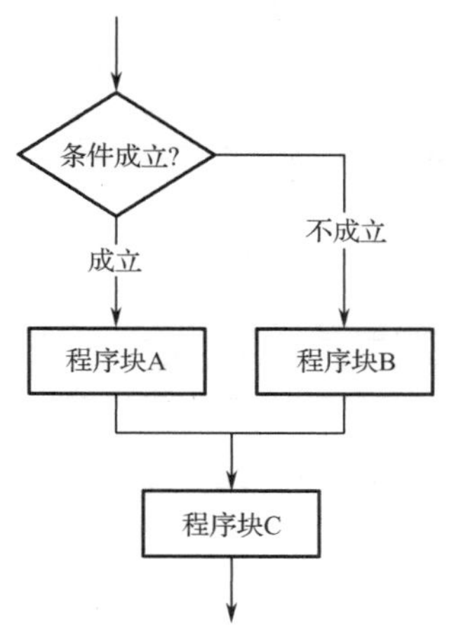

图 3.3　分支结构流程

实现选择的语句

为了全面介绍程序中的选择知识，本模块共设计以下 4 个任务。

任务 1：计算机如何知道数的大与小。

任务 2：今天发工资了，你该缴多少税。

任务 3：“我”也可以做选择。

任务 4：优化 BMI 程序。

任务 1　计算机如何知道数的大与小

目标描述

任务描述

- **编写程序实现**

输入：3 个任意整数。

判断：找出 3 个数中的最大数，如图 3.4 所示。

输出：在屏幕中显示这个最大数。

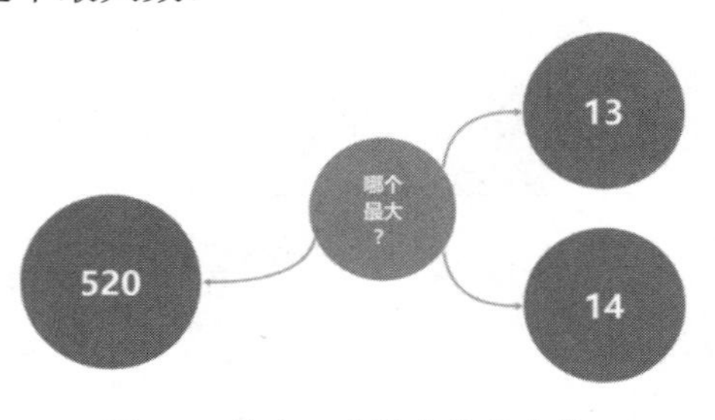

图 3.4　找出 3 个数中的最大数

- **技术层面**

掌握 if 分支语句的意义及应用。

- **课程思政**

直面问题，理清思路。

学习活动 1 接领任务

领任务单
● 任务确认 编写 C 语言程序，实现任意输入 3 个整数，并能找出最大数。 具体要求如下： （1）程序最终能正确找出并显示，任意输入 3 个整数中的最大数； （2）掌握 C 语言代码的使用规范（变量命名及注释说明）； （3）程序能正确运行，并应具有可扩展性。 ● 确认签字 --

学习活动 2 分析任务

编写 C 语言程序，实现任意输入 3 个整数，让程序判断出这 3 个数中的最大数并显示，具体分析如下：

（1）输入 3 个数，并保存到对应的变量中；

（2）判断找出最大数；

（3）显示最大数，程序结束。

知识学习：if 分支语句

if 分支语句是 C 语言实现分支的语句之一，在给定的条件成立时，选择执行某段程序。

1. if 语句实现的单分支结构

```
if(条件表达式)
{
    语句块 1
}
...
```

说明：

（1）if 是命令动词；

（2）()里写的是条件表达式；

（3）{}限定选择语句的范围；

学习笔记

（4）如果条件成立，则选择{}中的语句块，否则{}内的语句块不被执行。

2．if 语句举例

```
int a,b;
a=5;
b=8;
if(a>b)
{
    printf("a 大于 b");
}
```

说明：

如果运行上述代码则什么都不会显示。因为a<b，所以条件不成立，没执行分支语句内的代码，从而实现了选择。

3．if 语句实现的双分支结构

```
if(条件表达式)
{
    语句块 1
}else
{
    语句块 2
}
...
```

说明：

（1）if 是命令动词；

（2）()里写的是条件表达式；

（3）{}限定选择语句的范围；

（4）如果条件表达式的结果为真，则执行语句块 1，否则执行 else 后面的语句块 2；

（5）这就是双分支结构。

4．if 双分支语句举例

```
int a,b;
a=5;
b=8;
if(a>b)
{
    printf("a 大于 b");
}else
{
printf("a 小于 b");
}
```

说明：

运行上述代码后，在屏幕上显示“a 小于 b”。因为a<b，所以条件不成立，选择 else 语句内的代码，从而实现了选择。

学习活动 3 制定方案

实现本任务方案

- **实现思路**

通过对本任务的分析及相关知识的学习，制定方案如下：

（1）定义 4 个整型变量，并进行初始化；

（2）通过 scanf()输入 3 个任意数，并保存到对应的变量中；

（3）利用 if 语句实现数的大小判断处理；

思路：比较第 1 个数和第 2 个数找到两者的较大值，然后将此较大值与第 3 个数比较，最终确定 3 个数中的最大数。

（4）输出这 3 个数中的最大数。

- **实现步骤**

（1）在 CodeBlocks 软件中创建一个新项目，项目名称为 getMax。

（2）在 main()中按实现思路编写代码。

学习活动 4 实施实现

任务实现

- **实现代码**

（1）打开 CodeBlocks 软件，创建一个新的控制台项目，项目名称输入为 getMax。

（2）打开项目中的 main.c 文件，进入编辑界面。

（3）在 main()中按实现思路完成任务，其代码如下：

```
int main()
{
//1. 定义 4 个变量
int numone,numtwo,numthree, w;
//2. 输入 3 个数
    printf("请输入 3 个任意数\n");
    scanf("%d",&numone);   //输入第 1 个数
    scanf("%d",&numtwo);   //输入第 2 个数
    scanf("%d",&numthree);   //输入第 3 个数
//3. 将第 1 个数和第 2 个数进行比较，找出最大数并保存到 w 变量中
if(numone<numtwo) {
        w=numtwo;
    }else
    {
        w=numone;
    }
//第 1 个数和第 2 个数中的最大数与第 3 个数进行比较，找出最大数
    if(w<numthree){
        printf("这 3 个数中，最大的数是%d",numthree);
```

```
    }else
    {
        printf("这 3 个数中，最大的数是%d",w);
    }
    return 0;
}
```

学习活动 5 测试验收

任务测试验收单

- **实现效果**

编写 C 语言程序，实现找到任意输入 3 个整数的最大数并输出。

按制定方案进行任务实现，在正确的情况下，任务实现的效果如图 3.5 所示。

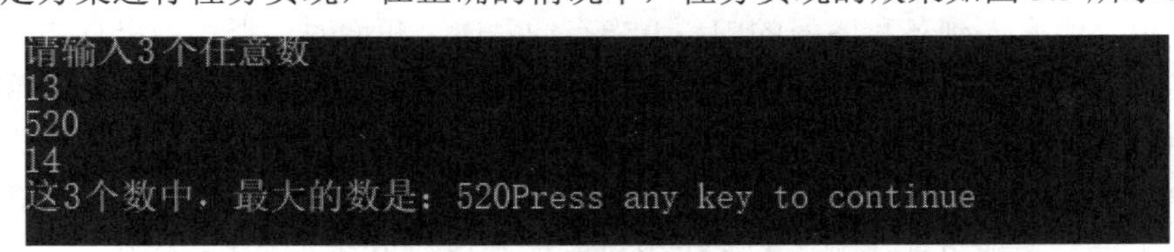

图 3.5 输出任意 3 个数中最大数程序实现的效果

- **验收结果**

序号	验收内容	实现效果				
		A	B	C	D	E
1	任务要求的功能实现情况					
2	开发环境安装与置换情况					
3	掌握知识的情况					
4	程序运行情况					
5	团队协作					

说明：在实现效果对应等级中打“√”。

- **验收评价**

验收签字________

学习活动 6　总结拓展

任务总结与拓展
● 实现效果 编写 C 语言程序，实现找到任意输入 3 个整数的最大数并输出。 ● 技术层面 详细介绍了 if 语句的单分支、双分支结构的实现。 单分支：if 分支语句的条件成立，执行分支语句内的内容，否则跳过不执行。 双分支：if...else...结构，如果条件成立则执行 if 后面的语句；如果条件不成立则执行 else 后面的语句，二选一。 ● 课程思政 在程序中的每次任务都是先提出问题，然后通过分析，最后实现任务。其实在日常的生活中，我们也会经常遇到各种各样的问题，当有问题时，应面对问题，积极思考，初步形成解决问题的大致想法，然后设计出具体解决问题的思路和实现步骤，以最终解决问题。 ● 教学拓展 通过本任务的学习，同学们掌握了 if 语句的单分支、双分支结构的使用，试着对本任务的功能进行扩展，实现将任意输入的 3 个数排序后，按从小到大的顺序输出。 ● 任务小结（请在此记录你在本任务中对所学知识的理解与实现本任务的感悟等） ------------------------------ ------------------------------ ------------------------------

要解决的问题不止两个分支时，该怎么办

下一回： 你该缴多少税

（解决多分支的问题）

任务 2　今天发工资了，你该缴多少税

目标描述

任务描述
● 编写程序实现 输入：税前工资总额和扣除的五险一金数额。 处理：实现个人所得税计算。

输出：显示所缴纳个人所得税的金额。

图 3.6　个人所得税

● 技术层面

掌握 if 多分支的实现及应用。

● 课程思政

加强法律意识。

学习活动 1　接领任务

领任务单

● 任务确认

编写 C 语言程序，实现个人所得税的计算。

具体要求如下：

（1）程序最终能正确展示个人应缴纳的个人所得税；

（2）掌握 C 语言代码的使用规范（变量命名及注释说明）；

（3）程序能正确运行，并具有可扩展性。

● 确认签字

学习活动 2　分析任务

编写 C 语言程序，实现个人所得税的计算。实现本任务要先了解个人所得税相关的知识。

（1）个人所得税

1993 年 10 月 31 日，发布了新修改的《中华人民共和国个人所得税法》，个人所得税是国家对本国公民、居住在本国境内个人的所得和境外个人来源于本国的所得征收的一种所得税。2018 年 8 月 31 日，个人所得税起征标准调至每月 5000 元 ，2018 年 10 月 1 日起实施最新起征点和税率，自 2019 年 1 月 1 日起施行。

（2）税率

《中华人民共和国个人所得税法》规定个人综合所得适用于“个人所得税税率表一（综合所得适用）”，具体如图 3.7 所示。

个人所得税税率表一（综合所得适用）			
级数	全年应纳税所得额	税率（%）	速算扣除数
1	不超过36000元（含）的部分	3	0
2	超过36000元至144000元（含）的部分	10	2520元
3	超过144000元至300000元（含）的部分	20	16920元
4	超过300000元至420000元（含）的部分	25	31920元
5	超过420000元至660000元（含）的部分	30	52920元
6	超过660000元至960000元（含）的部分	35	85920元
7	超过960000元的部分	45	181920元

说明：本表所称全年应纳税所得额是指依照本法第六条的规定，居民个人取得综合所得额以每一纳税年度收入额减除费用 60000 元，以及专项扣除、专项附加扣除和依法确定的其他扣除后的余额。

图 3.7 个人所得税税率表一（综合所得适用）

（3）个人所得税计算的方法

应纳税所得额=月收入−5000 元（起征点）−专项扣除（五险一金等）−专项附加扣除−依法确定的其他扣除

个人所得税=应纳税所得额×税率−速算扣除数

说明：新个税法规定，自 2018 年 10 月 1 日至 2018 年 12 月 31 日，纳税人的工资、薪金所得，先行以每月收入额减除费用 5000 元，以及专项扣除和依法确定的其他扣除后的余额为应纳税所得额，依照个人所得税税率表一（综合所得适用）按月换算后计算缴纳税款，并不再扣除附加减除费用。

因此，根据计算方法说明，将个人所得税税率表一折算为月份对应数据所示如下。

级数	应纳税所得额(元)	税率	速算扣除数(元)
1	<=3000	3%	0
2	3000～12000(含)	10%	210
3	12000～25000(含)	20%	1410
4	25000～35000(含)	25%	2660
5	35000～55000(含)	30%	4410
6	55000～80000(含)	35%	7160
7	>80000	45%	15160

例如，小李在北京上班，月收入为 10000 元，“五险一金”专项扣除为 2000 元。（简化示例，暂时不考虑 2019 年 1 月 1 日执行的新政策）

应纳税所得额=10000−5000−2000=3000（元）

个人所得税=3000×3%−0（速算扣除数）= 90（元）

所以，小李应该缴纳个人所得税为 90 元。

程序如何实现多个分支

知识学习：if 多分支语句

知识学习

学习笔记

if 多分支语句是 C 语言实现分支的语句之一，在给定的条件成立时，选择执行某段程序。

1．if 多分支语句的语法

```
if(条件 1)
{
    语句块 1
}else if（条件 2）
{
    语句块 2
}else if（条件 3）
{
    语句块 3
}else if（条件 4）
{
    语句块 4
}
...
```

图 3.8　if 多分支语句流程

说明：

多分支指的是哪个条件成立，就执行哪个语句，即实现多选一执行，如下所示：

如果执行语句 1：条件 1 成立时

执行语句 2：条件 1 不成立，条件 2 成立时

...以此类推

2．if 多分支语句举例

```
int main()
{
    int score;
    printf("请输入你的分数:");
    scanf("%d",&score);
    if(score>=90)
    {
        printf("你的等级是：A");
    }else if(score>=80)
    {
        printf("你的等级是：B");
    }else if(score>=70)
    {
        printf("你的等级是：C");
    }else if(score>=60)
    {
        printf("你的等级是：D");
    }else
    {
        printf("你的等级是：E");
    }
    return 0;
}
```

说明：

此例实现输入百分制分数，对应显示其等级。

将输入的分数保存到 score 变量中。

如果 score=95，则第 1 个条件成立，显示等级为 A；

如果 score=85，则第 1 个条件不成立，第 2 个条件成立，显示等级为 B；

如果 score=71，则第 1、第 2 个条件不成立，第 3 个条件成立，显示等级为 C；

如果 score=64，则第 1、第 2、第 3 个条件不成立，第 4 个条件成立，显示等级为 D；

如果 score=58，则第 1、第 2、第 3、第 4 个条件不成立，执行最后 1 个 else 后的语句，显示等级为 E。

学习活动 3　制定方案

实现本任务方案

- 实现思路

1．确定个税公式

应纳税所得额=工资总额-起征额（5000）-专项扣除（五险一金等）

个人所得税=应纳税所得额×适用税率-速算扣除数

2．程序实现思路

（1）定义程序使用到的变量，并进行初始化（4个）。

它们分别用于保存工资、五险一金、应纳税所得额和个人所得税。

（2）屏幕提示输入工资、五险一金扣除金额，可获取数据并保存到对应的变量中。

（3）计算应纳税所得额。

应纳税所得额=工资总额-起征额（5000）-专项扣除（五险一金等）

（4）利用 if 语句多分支实现计算个人所得税。

（5）显示应缴个人所得税金额，程序结束。

● **实现步骤**

（1）在 CodeBlocks 中创建一个新项目，项目名称为 IncomeTax。

（2）在 main()中按实现思路编写代码。

学习活动4　实施实现

任务实现

● **实现代码**

（1）打开 CodeBlocks 软件，创建一个新的控制台项目，项目名称输入为 IncomeTax。

（2）打开项目中的 main.c 文件，进入编辑界面。

（3）在 main()中按实现思路完成任务，代码如下。

```
int main()
{
    //1. 定义程序使用到的变量
    float dSalary=0;   //工资
    float dDeduction=0;   //五险一金扣除金额
    float dY=0;   //应纳税所得额
    float dTax=0;   //应交个税

    //2. 输入工资和扣除项
    printf("请输入您本月工资总金额:");
    scanf("%f",&dSalary);
    printf("请输入五险一金扣除金额:");
    scanf("%f",&dDeduction);
    //3. 计算应纳税所得额
    //（实际收入-纳税基数-五险一金扣除金额）
    dY=dSalary-5000-dDeduction;
    //4. if 多分支实现个税计算
    if(dY<=0)
    {
        dTax=0;
    }else if(dY<=3000)
```

```
        {
            //应纳税所得额*税率-速算扣除数
            dTax=dY*0.03-0;
        }else if(dY>3000 && dY<=12000)
        {
            dTax=dY*0.1-210;
        }else if(dY>12000 && dY<=25000)
        {
            dTax=dY*0.2-1410;
        }else if(dY>25000 && dY<=35000)
        {
            dTax=dY*0.25-2660;
        }else if(dY>35000 && dY<=55000)
        {
            dTax=dY*0.3-4410;
        }else if(dY>55000 && dY<=80000)
        {
            dTax=dY*0.35-7160;
        }else
        {
            dTax=dY*0.45-15160;
        }
        //5. 显示结果
        printf("您本月工资：%.2f 元\n",dSalary);
        printf("应缴个人所得税：%.2f 元。",dTax);
        return 0;
    }
```

学习活动 5　测试验收

任务测试验收单

● **实现效果**

利用个人所得税的计算方法，根据税前工资及相关扣除项计算出应纳税所得额。利用 if 多分支语句实现对应税率的计算，并输出个人应缴纳的个人所得税。

按制定方案进行任务实现，正确的情况下，任务实现的效果如图 3.9 所示。

```
请输入您本月工资总金额:10000元
请输入五险一金扣除金额:2000元
您本月工资：10000.00元，应缴个人所得税：90.00元。
```

图 3.9　个人所得税程序实现

● 验收结果

序　　号	验 收 内 容	实 现 效 果				
		A	B	C	D	E
1	任务要求的功能实现情况					
2	使用代码的规范性（变量命名、注释说明）					
3	掌握知识的情况					
4	程序性能及健壮性					
5	团队协作					

说明：在实现效果对应等级中打“√”。

● 验收评价

验收签字________________________________

学习活动 6　总结拓展

任务总结与拓展

● 实现效果

利用个人所得税的计算方法，根据税前工资及相关扣除项计算出应纳税所得额。利用 if 多分支语句实现了对应税率的计算，并输出个人应缴纳的个人所得税。

● 技术层面

详细介绍了 if 语句的多分支结构的实现。

if...else if...多分支结构：指哪个条件成立，则选择执行该分支下的语句，从而实现多分支的过程。

注意：

（1）{}应配对好。

（2）else if 之间有空格，条件后不能加分号。

● 课程思政

编写 C 语言程序让同学们实现了个人所得税的计算。

通过本任务的学习，知道了交纳个人所得税是法律赋予每个公民的权利及义务，我们要做一个不偷税、漏税的守法公民。

同时，同学们也应该认识到知情权的重要性。当自己成为一名职员时，是有查看个人收入明细知情权的。

● 教学拓展

同学们已掌握了 if 多分支结构的应用，试着举一反三完成如下任务：

超市的某些商品正在打折促销，购买这些商品可根据购买数量（n）给予不同折扣，折扣信息如图 3.10 所示。请编写程序，根据用户输入的商品数量及单价，输出用户应付的金额。

数　量	折　扣
$n<5$	0
$5\leqslant n<10$	1%
$10\leqslant n<20$	2%
$20\leqslant n<50$	3%
$n\geqslant 50$	5%

图 3.10　商品数量折扣对照表

- **任务小结**（请在此记录你在本任务中对所学知识的理解与实现本任务的感悟等）

除 if 语句外，还有其他的分支语句吗

下一回：“我”也可以做选择

（**switch** 多分支语句）

任务 3　“我”也可以做选择

目标描述

任务描述
● **编写程序实现** 某程序主界面菜单的选择功能。 输入：菜单编号。 处理：根据输入的编号进行判断。 输出：显示对应菜单的功能。 ● **技术层面** 掌握 switch 多分支语句实现及应用。 ● **课程思政** 学会选择。

学习活动 1　接领任务

领任务单
● 任务确认 编写 C 语言程序，实现某程序主界面的菜单操作，根据用户输入对应菜单的编号实现相应的操作。 具体要求如下： （1）程序最终能正确展示程序主界面，并可根据输入菜单项编号实现相应操作； （2）掌握 C 语言代码的使用规范（变量命名及注释说明）； （3）程序能正确运行，并具有可扩展性。 ● 确认签字

学习活动 2　分析任务

编写 C 语言程序，实现某程序主界面的菜单操作，可根据用户输入对应菜单的编号实现相应的操作。

如输入 1：进行添加操作；

如输入 2：进行修改操作；

如输入 3：进行删除操作；

如输入 0：退出系统。

这里有 4 种可能性，也就是 4 个分支，虽然使用 if 多分支语句可以实现，但今天我们使用 C 语言中的另外一个多分支语句 switch 来实现。

知识学习：switch 多分支语句

知识学习

利用 if 语句可以实现多分支的结构，但如果分支较多时，则嵌套的 if 语句层就会较多，令人理解起来较困难，所以 C 语言还提供了一个 switch 多分支语句，专门用于处理多分支结构的程序设计。

1．switch 的语法

```
switch(表达式)
{
    case 常量表达式 1：{语句 1} break;
    case 常量表达式 2：{语句 2} break;
    case 常量表达式 3：{语句 3} break;
    case 常量表达式 4：{语句 4} break;
    ...
    case 常量表达式 n：{语句 n} break;
    default: {语句 n+1 } break;
```

学习笔记

```
    }
    ...
```

说明：

（1）用 switch 计算表达式的值；

（2）将这个值与 case 的常量表达式的值进行比较；

（3）如果这个值与某个 case 后的值相同，则执行对应 case 后的语句，遇到 break 时结束；

（4）如果这个值与所有 case 后的值都不符合，则执行 default 后的语句。

2．switch 多分支语句举例

```
int main()
{
    int score;
    printf("请输入你的分数:");
    scanf("%d",&score);

    switch(score/10)
    {
        case 10:
        case 9:
        {
            printf("成绩等级为：A");
        }
        break;
        case 8:
        {
            printf("成绩等级为：B");
        }
        break;
        case 7:
        {
            printf("成绩等级为：C");
        }
        break;
        case 6:
        {
            printf("成绩等级为：D");
        }
        break;
        default:
        {
            printf("成绩等级为：E");
        }
        break;
}
return 0;
}
```

说明：

以上示例就是根据输入的成绩分数，输出对应的 A、B、C、D、E 等级。

下面做详细分析：

（1）将输入成绩保存到 score 变量中。

（2）多分支 switch 语句判断 score/10 的值与哪个 case 后的值相同，就选择那个分支执行，显示分数对应的等级。

如果 score=（90～100 中的某个数），score/10=9 或 10，则满足 case 10: 和 case 9:，结果显示等级为 A；

如果 score=（80～89 中的某个数），score/10=8，则满足 case 8:，结果显示等级为 B；

如果 score=（70～79 中的某个数），score/10=7，则满足 case 7:，结果显示等级为 C；

如果 score=（60～69 中的某个数），score/10=6，则满足 case 6:，结果显示等级为 D；

如果 score=（0～59 中的某个数），score/10R 的结果可能是(0,1,2,3,4,5)，则不满足 case 后的所有值，执行 default:，结果显示等级为 E。

（3）总结。

switch 多分支语句中表达式的值和 case 后的值相当于进行“=”的判断，如果相等则执行该 case 分支；

每个 case 分支必须以 break 结束，否则将会依次执行后面的所有 case 中的语句，直到 break 结束，如上例中的 case 10 后就没有 break，那它将一直往下执行。

学习活动 3 制定方案

实现本任务方案

- **实现思路**

（1）利用 printf()在屏幕上显示对应的菜单；

（2）提示用户输入菜单编号；

（3）利用 switch 多分支语句判断输入的编号，实现程序分支。

- **实现步骤**

（1）在 CodeBlocks 软件中创建一个新项目，项目名称为 Menu。

（2）在 main()中按实现思路编写代码。

学习活动 4　实施实现

任务实现

- 实现代码

（1）打开 CodeBlocks 软件，创建一个新的控制台项目，项目名称输入为 Menu。

（2）打开项目中的 main.c 文件，进入编辑界面。

（3）在 main()中按实现思路完成任务，其代码如下。

```
int main()
{
    printf("菜单选择：\n");
    printf("1. 添加数据\n");
    printf("2. 修改数据\n");
    printf("3. 删除数据\n");
    printf("0. 退出系统\n");

    int selectno;

    printf("请输入菜单编号：");
    scanf("%d",&selectno);

    //分支结构用于判断输入的编号
    switch(selectno)
    {
        case 1:
        {
            printf("你选择的是完成添加数据\n");
        }
        break;

        case 2:
        {
            printf("你选择的是完成修改数据\n");
        }
        break;

        case 3:
        {
            printf("你选择的是完成删除数据\n");
        }
        break;

        case 0:
        {
            printf("你选择的是退出系统\n");
        }
```

```
            break;

            default :
            {
                printf("你输入的编号不在菜单范围内\n");
            }
            break;
    }
    return 0;
}
```

学习活动 5　测试验收

任务测试验收单

● 实现效果

利用 C 语言的 switch 多分支语句，实现某程序的主界面菜单操作，根据用户输入对应菜单的编号实现相应的操作。例如，输入 1 为添加操作；输入 0 为退出系统，以实现菜单操作的多分支判断。

按制定方案进行任务实现，在正确的情况下，任务实现的界面效果如图 3.11 所示。当输入菜单编号时，系统会出现如图 3.12 所示的相应提示。

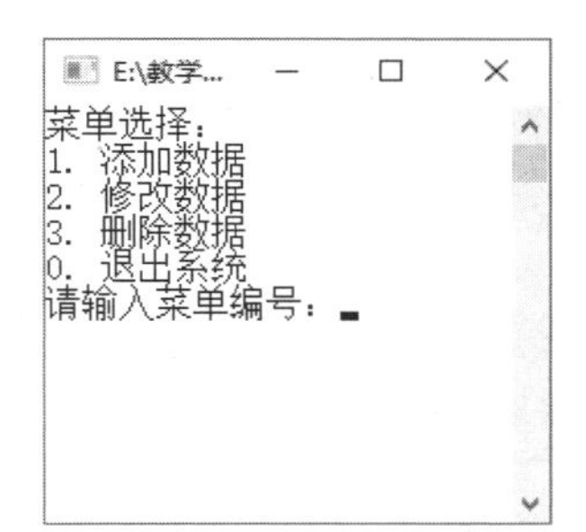

图 3.11　菜单界面效果

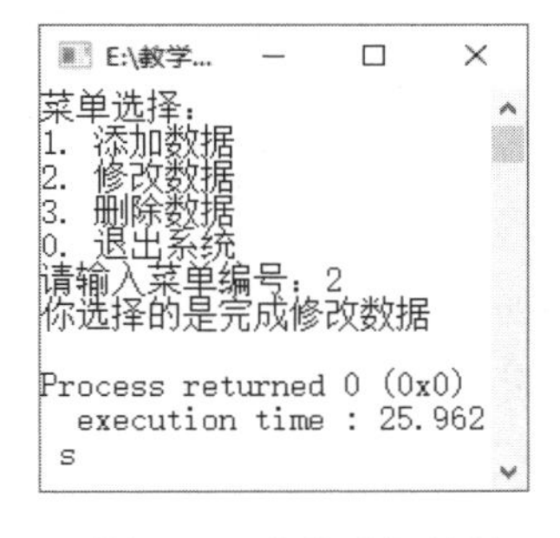

图 3.12　菜单选择效果

● 验收结果

序　　号	验 收 内 容	实现效果				
		A	B	C	D	E
1	任务要求的功能实现情况					
2	使用代码的规范性（变量命名、注释说明）					
		A	B	C	D	E
3	掌握知识的情况					
4	程序性能及健壮性					
5	团队协作					

说明：在实现效果对应等级中打“√”。

● 验收评价

验收签字

学习活动 6　总结拓展

任务总结与拓展

● 实现效果

利用 C 语言的 switch 多分支语句，实现某程序主界面的菜单操作，根据用户输入对应菜单的编号实现相应的操作。例如，输入 1 为添加操作；输入 0 为退出系统，实现菜单操作的多分支判断。

● 技术层面

介绍了 switch 多分支结构的实现。

switch...case...多分支结构：指满足哪个 case，就选择执行该分支下的语句，从而实现多分支的过程。

注意：

（1）switch 后面的()中是通过计算得到的一个具体的值；

（2）case 后是一个具体的值，而不能写成像 if 分支语句一样的关系表达式；

（3）switch 中表达式的值和 case 后的值相当于进行“=”的判断，如果等于则执行该 case 分支；

（4）每个 case 分支必须以 break 结束，否则将执行 case 后的所有值，直到 break 结束，如上例中的 case 10 后就没有 break，那么它将一直往下执行。

● 课程思政

通过本任务的学习，同学们掌握了 if 和 switch 两个分支语句的相关知识。

如果程序的判断条件是一个使用关系表达式时，则应该选择 if 语句实现比较好。

如果程序的判断是一个具体明确的值时，则应该选择 switch 语句实现比较好。

在日常生活中，同学们也会面临许多选择，所以要学会选择出最适合自己的，又或当同学们遇到问题时可以多给自己设置些条件，以便能做出最佳的选择。

● 教学拓展

通过本任务的学习与实现，同学们试着完成“吃鸡游戏中枪械信息”管理界面，设置 1 为添加枪械，2 为修改枪械，3 为删除枪械，4 为查询枪械，0 为退出系统。

● 任务小结（请在此记录你在本任务中对所学知识的理解与实现本任务的感悟等）

分支结构到此结束了

下一回：优化体质指数（BMI）程序

（让 **BMI** 程序实现区间判断，并给出结论与建议）

任务 4　优化体质指数（BMI）程序

目标描述

任务描述
● **编写程序实现** 对前面任务实现的 BMI 程序进行优化。 根据计算所得的 BMI 值进行区间判断。 结论：属于哪种类型。 建议：给出你的建议。 ● **技术层面** if 多分支语句的综合应用。 ● **课程思政** 职业素质。

学习活动 1　接领任务

领任务单
● **任务确认** 将所学的 if 多分支语句的知识进行综合应用，对前面任务实现的 BMI 程序进行优化。 具体要求如下： （1）根据计算所得的 BMI 值进行区间判断，并给出结论和建议； （2）掌握 C 语言代码的使用规范（变量命名及注释说明）； （3）程序能正确运行，并具有可扩展性。 ● **确认签字** --

学习活动 2　分析任务

将所学的 if 多分支语句知识进行综合应用，对前面任务实现的 BMI 程序进行优化。

根据计算所得的 BMI 值进行区间判断（见图 2.26）。

（1）结论：属于哪种类型。
（2）建议：给出你的建议。

我国 BMI 的分类有 6 种，通过下面这些数字区间，可以为 if 多分支结构判断条件区间，如图 3.13 所示。

我国 BMI 的 6 种分类

分类	BMI指数区间	健康状态	程序中对应的表达式（假设以变量BMI来表示结果）
过轻	<18.5	低危险群体	BMI< 18.5
正常	18.5（含）～24	正常	BMI>=18.5 && BMI <24
过重	24（含）～27	低危险群体	BMI>=24 && BMI <27
Ⅰ度肥胖	27（含）～30	轻度肥胖，中危险群体	BMI>=27 && BMI <30
Ⅱ度肥胖	30（含）～35	中度肥胖，重危险群体	BMI>=30 && BMI <35
Ⅲ度肥胖	≥35	病状肥胖	BMI >= 35

图 3.13　BMI 指数对照表对应的条件区间

对应的 if 表示的条件区间已设置好了，我们来为各区间进行对应的结论与建议，如图 3.14 所示。

分类	BMI指数区间	健康状态	结论与建议
过轻	<18.5	低危险群体	结论：你的BMI<18.5， 体重过轻； 属于低危险群体 建议：平时多注意营养，增加体重！
正常	18.5（含）～24	正常	结论：你的18.5≤BMI<24， 体重正常； 属于无风险群体 建议：别骄傲，要保持哦！
过重	24（含）～27	低危险群体	结论：你的24≤BMI<27， 体重过重； 属于低危险群体 建议：该减重啦！加强运动。
Ⅰ度肥胖	27（含）～30	轻度肥胖，中危险群体	结论：你的27≤BMI<30， 轻度肥胖； 属于中危险群体 建议：控制饮食，加强运动，必须减重了。
Ⅱ度肥胖	30（含）～35	中度肥胖，重危险群体	结论：你的30≤BMI<35， 中度肥胖； 属于重危险群体 建议：减重！减重！减重！
Ⅲ度肥胖	≥35	病状肥胖	结论：你的BMI≥35， 病状肥胖； 属于非常危险群体 建议：在医生的指导下进行减重吧，我不能给你建议了！

图 3.14　根据 BMI 指数区间得到的结论与建议

对于结论与建议的文字，可以设置得更加个性

学习活动 3　制定方案

实现本任务方案

● 实现思路

通过对本任务的分析及相关知识学习，制定方案如下。
（1）在原来 BMI 程序中显示 BMI 值后面加入多分支语句。
（2）多分支语句实现对 BMI 值进行区间判断。
（3）不同的区间显示不同的结论与建议。

● 实现步骤

（1）在 CodeBlocks 软件中打开之前实现的 BMI 程序。

（2）按实现思路完成本任务。

学习活动 4　实施实现

任务实现

● 实现代码

（1）启动 CodeBlocks 软件，打开之前完成的 BMI 程序。

（2）打开项目中的 main.c 文件，进入编辑界面。

（3）在 main()中按实现思路完成任务，代码如下。

```
int main()
{
    //定义保存数据的变量
    float height=0;
    float weight =0;
    float bmi=0;

    //输入数据
    printf("请输入你的身高（单位：米）:");
    scanf("%f",&height);   //输入数据到变量中
    printf("请输入你的体重（单位：千克）:");
    scanf("%f",&weight);   //输入数据到变量中
    //计算 BMI 值
    bmi=weight/(height*height);
    //显示数据
    printf("你的体质指数（BMI）为:%f \n",bmi);

//***********以下就是本次优化的内容***********
    //判断 BMI 值的区间，给出结论和建议
    printf("----------------------------------------\n");
    if(bmi<18.5)
    {
        printf("结论：你的 BMI<18.5，");
        printf("体重过轻；属于低危险群体\n");
        printf("建议：平时多注意营养，增加体重！");
    }
    else if(bmi>=18.5 && bmi<24.0)
    {
        printf("结论：你的 18.5≤BMI<24，");
        printf("体重正常；属于无风险群体\n");
```

```
        printf("建议：别骄傲，要保持哦！");
    }
    else if(bmi>=24 && bmi<27)
    {
        printf("结论：你的 24≤BMI<27，");
        printf("体重过重；属于低危险群体\n");
        printf("建议：该减重啦！加强运动。");
    }
    else if(bmi>=27 && bmi<30)
    {
        printf("结论：你的 27≤BMI<30，");
        printf("轻度肥胖；属于中危险群体\n");
        printf("建议：控制饮食，加强运动，必须减重了。");
    }
    else if(bmi>=30 && bmi<35)
    {
        printf("结论：你的 30≤BMI<35，");
        printf("中度肥胖；属于重危险群体\n");
        printf("建议：减重！减重！减重！");
    }
    else if(bmi>=35)
    {
        printf("结论：你的 BMI≥35，");
        printf("病状肥胖；属于非常危险群体\n");
        printf("建议：在医生的指导下进行减重吧，我不能给你建议了！");
    }
    printf("\n----------------------------------------\n");

    return 0;
}
```

（4）运行程序。

学习活动 5　测试验收

任务测试验收单
● 实现效果 将所学的 if 多分支语句的知识进行综合应用，对前面任务实现的 BMI 程序进行优化，程序实现效果如图 3.15 所示。

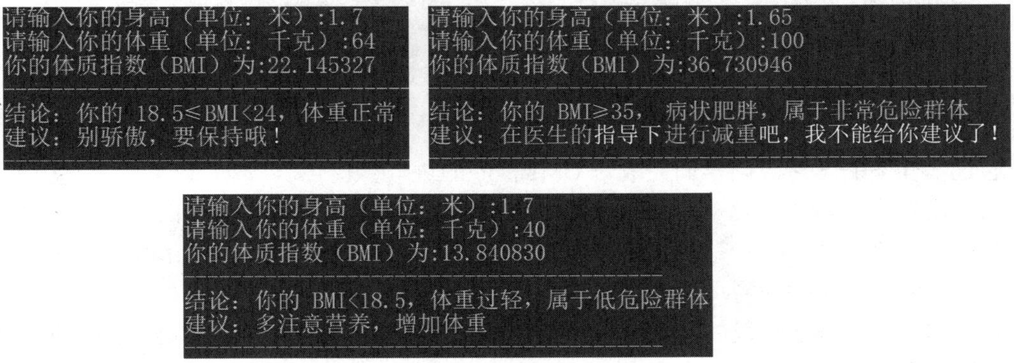

```
请输入你的身高（单位：米）:1.7
请输入你的体重（单位：千克）:64
你的体质指数（BMI）为:22.145327
------------------------------------
结论：你的 18.5≤BMI<24，体重正常
建议：别骄傲，要保持哦！
------------------------------------
```

```
请输入你的身高（单位：米）:1.65
请输入你的体重（单位：千克）:100
你的体质指数（BMI）为:36.730946
------------------------------------
结论：你的 BMI≥35， 病状肥胖，属于非常危险群体
建议：在医生的指导下进行减重吧，我不能给你建议了！
------------------------------------
```

```
请输入你的身高（单位：米）:1.7
请输入你的体重（单位：千克）:40
你的体质指数（BMI）为:13.840830
------------------------------------
结论：你的 BMI<18.5，体重过轻，属于低危险群体
建议：多注意营养，增加体重
------------------------------------
```

图 3.15　体质指数程序实现效果

根据计算所得的 BMI 值进行区间判断。

（1）结论：属于哪种类型。

（2）建议：给出你的建议。

● **验收结果**

序　　号	验收内容	实现效果				
		A	B	C	D	E
1	任务要求的功能实现情况					
2	使用代码的规范性（变量命名、注释说明）					
3	掌握知识的情况					
4	程序性能及健壮性					
5	团队协作					

说明：在实现效果对应等级中打“√”。

● **验收评价**

验收签字--

学习活动 6　**总结拓展**

任务总结与拓展

● **实现效果**

将所学的 if 多分支语句的知识进行综合应用，对前面任务实现的 BMI 程序进行优化。

根据计算所得的 BMI 值进行区间判断。

（1）结论：属于哪种类型。

（2）建议：给出你的建议。

- **技术层面**

if 多分支语句的应用。

BMI 值区间关系表达式的表示。

- **课程思政**

通过本任务的学习，同学们完成对 BMI 程序的进一步优化。

虽然没有进行本次优化，BMI 程序也可以通过用户输入身高和体重的数据并计算出相应的 BMI 值。但这个 BMI 值对于用户来说没有什么意义，因为用户并不清楚这个值到底代表什么，需要查找相关的网页才知道其意义。

我们作为一名程序开发的初学者，除了将相关程序的知识学习好、掌握好的同时，更多地应该站在程序使用者的角度去思考，所开发的软件是不是能真正帮助到用户，让用户使用起来非常方便、高效。

本次任务对 BMI 程序优化后，用户输入身高、体重后，可非常清楚地知道自己的 BMI 值处在什么区间，该区间的 BMI 属于哪个分类阶段，同时对应着自己的健康是怎样的，并且可以参考程序给出的建议。

多站在用户的角度去思考，才能编写出真正符合用户需求的软件，这是一个开发人员所必备的职业素质之一。

- **任务小结**（请在此记录你在本任务中对所学知识的理解与实现本任务的感悟等）

分支结构学好了，BMI 程序也优化完了

但新问题又来了

到目前为止，这个 BMI 程序运行，只能计算一个人的体质指数后就结束了

如果启动后，我们想计算多个人的体质指数该怎么办呢

（在下一个模块中就可以得到解决）

模块 4

C 语言程序中的循环结构处理

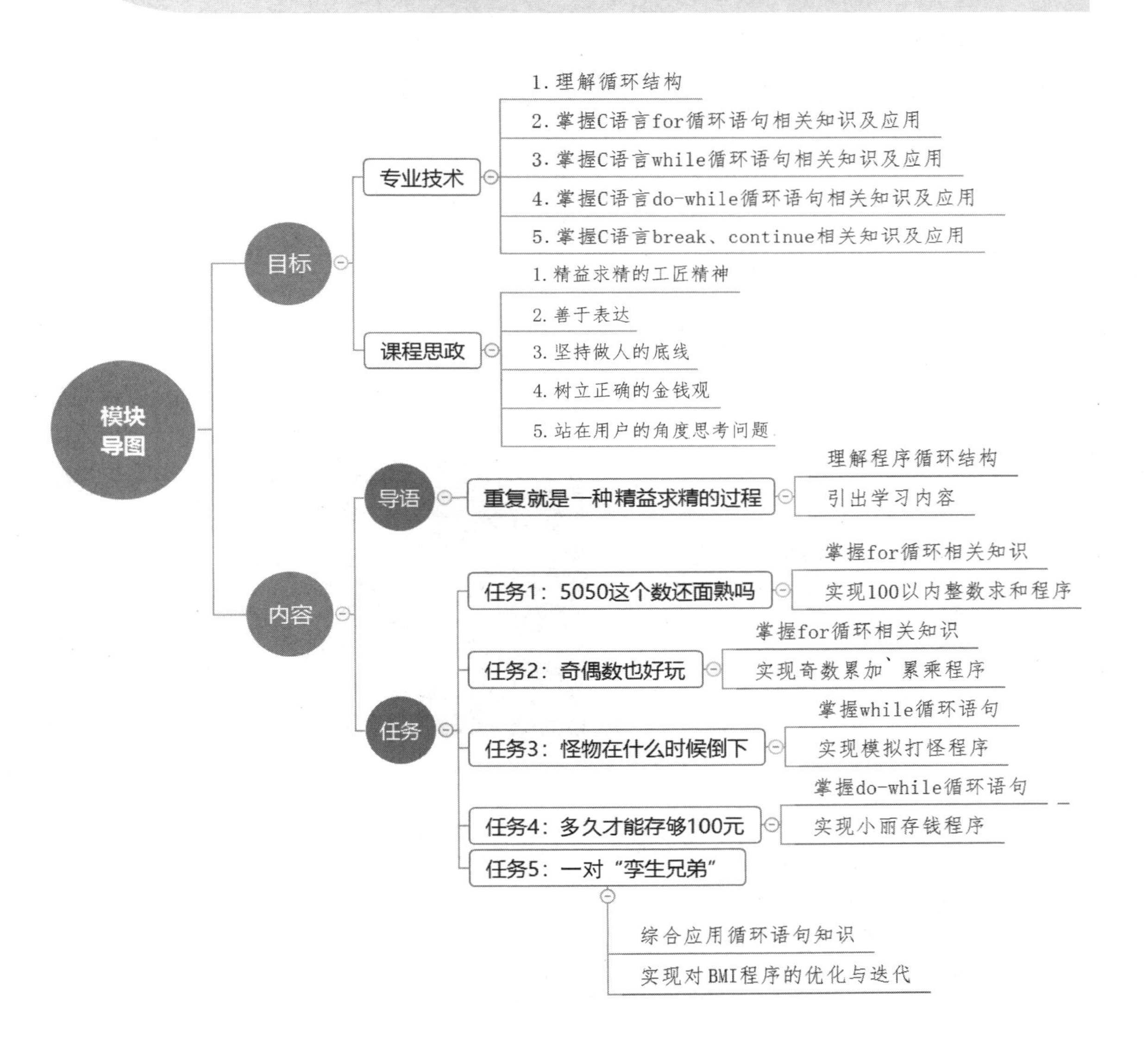

项目导语：重复就是一种精益求精的过程

1. 生活中的重复

在日常生活中，我们对于重复并不陌生，其实重复就是一种精益求精的过程。

例如，同学们每天进行着的“三点一线”的行为就是一种重复。一种重复于宿舍→图书馆→食堂的生活方式，这种重复会延续 10 多年，在重复中我们收获了知识，成长了自己，这不就是对自己精益求精的表现吗？如图 4.1 所示。

“三点一线”的生活方式

收获知识，成长自己。

图 4.1　生活中的“三点一线”

我们很多人都经历过“刷圈”，如图 4.2 所示。通过一圈又一圈地重复，我们渐渐发现自己的体重轻了、体型好看了等，这样的重复让我们变得更加自律，不知不觉中发现这才是自己想要的自由。重复能让自己变得更好，这就是精益求精的生活方式。

自律的人才会有真正的自由

可能你也经历过“刷圈”，

一圈又一圈。

图 4.2　“刷圈”图

还有，我们很多人在自己平凡的岗位上努力着、重复着、思考着，让工艺越来越精了，让品控越来越高了，大国工匠越来越多。大国工匠就是通过一种重复，把工作做到极致的精神。

2. 程序中的重复

接下来，我们说说程序中的重复。

程序中的重复是指循环：

（1）重复执行某一段代码；

（2）以最终实现目标而结束；

（3）或者永不结束。

如图 4.3 所示，当条件成立时执行循环，当条件不成立时结束。

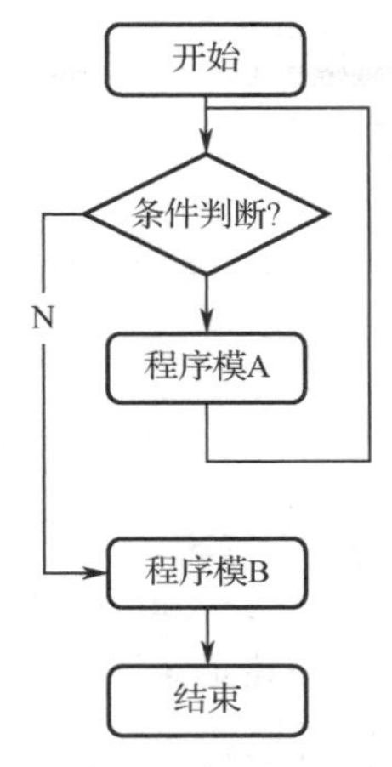

图 4.3　函数循环示意

来吧，正式开启程序的重复操作

为了把程序中的循环知识进行全面介绍，本模块共设计以下 5 个任务。

任务 1：5050 这个数还面熟吗。

任务 2：奇偶数也好玩。

任务 3：怪物在什么时候倒下。

任务 4：多久才能存够 100 元。

任务 5：一对“孪生兄弟”。

任务 1　5050 这个数还面熟吗

目标描述

任务描述
● **编写程序实现** 编写 C 语言程序，实现 1+2+3+...+100 求和。 输入：无。 处理：1+2+3+...+100。 输出：1+2+3+...+100=5050。 ● **技术层面** 掌握 for 循环语句的相关知识。 应用 for 循环语句实现本任务。 ● **课程思政** 精益求精的工匠精神。

学习活动 1　接领任务

领任务单
● 任务确认 通过编写 C 语言程序，实现 1+2+3+...+100 求和。 输入：无。 处理：1+2+3+...+100。 输出：1+2+3+...+100=5050。 具体要求如下： （1）程序最终能正确展示输出 1+2+3+...+100 之和； （2）掌握 C 语言代码的使用规范（变量命名及注释说明）； （3）程序能正确运行，并具有可扩展性。 ● 确认签字 ------------------------------

学习活动 2　分析任务

编写 C 语言程序，实现 1+2+3+...+100 数相加的和，并输出结果。具体分析如下：

（1）1 到 100 的所有整数做相加；

（2）完成 100 次加法运算；

（3）让程序重复 100 次加法运算就可以得到结果。

如何让程序实现重复执行

知识学习：for 循环语句

for 循环语句是 C 语言循环语句之一，在给定的条件成立时，会反复执行某段程序，直到条件不成立时，跳出执行循环后的代码。

1．语法

```
for(表达式 1; 表达式 2; 表达式 3)
{
    语句块 1
}
...
```

说明：

（1）for 循环语句由 3 个表达式构成，表达式之间使用分号隔开。

（2）表达式 1：只执行一次，用于循环变量赋初值。

（3）表达式 2：条件表达式，用于决定是否循环的条件，如果条件成立则循环；如果条件不成立则结束循环。

（4）表达式 3：记步因子，用于处理循环变量增量的表达式。

学习笔记

2．for 循环语句执行流程

以下程序共循环了 5 次：

```
int main()
{
    int i ; //循环变量
    for(i=1; i<=10; i=i+2)
    {
        printf( “%d” ,i );
    }
}
```

程序运行后的结果为

第 1 次循环：i=1，输出：1。

第 2 次循环：i=3，输出：3。

第 3 次循环：i=5，输出：5。

第 4 次循环：i=7，输出：7。

第 5 次循环：i=9，输出：9。

执行流程如图 4.4 所示。

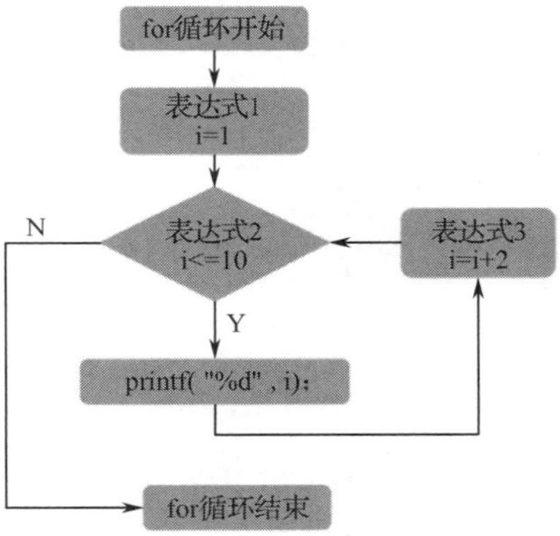

for循环开始

表达式1 i=1

表达式2 i<=10

N

Y

表达式3 i=i+2

printf("%d" , i);

for循环结束

图 4.4　函数循环流程

学习活动 3　制定方案

实现本任务方案

● **实现思路**

通过对本任务的分析及相关知识学习，制定方案如下：

（1）定义程序中使用到变量（2 个）。

1 个是循环变量，另 1 个是用于存放结果的变量。

（2）利用 for 循环语句实现计算。

循环变量初始化为 1；循环条件<=100；记步因子每次+1。

在循环体内部实现 1～100 的整数相加。

（3）输出计算结果，程序结束。

● 实现步骤

（1）在 CodeBlocks 软件中创建一个新项目，项目名称为 Sum100。

（2）在 main()中按实现思路编写程序代码，实现本任务。

学习活动 4 实施实现

任务实现

● 实现代码

（1）启动 CodeBlocks 软件，创建一个新的控制台项目，项目名称输入为 Sum100。

（2）打开项目中的 main.c 文件，进入编辑界面。

（3）在 main()中按实现思路实现任务，其代码如下。

```
/**
* 实现 100 以内整数的累加
*/
int main()
{
    //（1）定义程序中使用到的 2 个变量
    int sum=0;   //定义存放结果的变量，赋值为 0
    int i;   //循环变量

    //（2）利用 for 循环语句实现计算
    for(i=1; i<=100; i++)
    {
        sum=sum+i;   //实现求和
    }

    //（3）输出结果
    printf("1+2+3+...+100=%d",sum);
    return 0;
}
```

学习活动 5 测试验收

任务测试验收单

● 实现效果

利用 for 循环语句实现了求 1～100 所有整数和的程序。

按制定方案进行任务实现，在正确的情况下，任务实现的效果如图 4.5 所示。

```
1+2+3+...+100=5050Press any key to continue
```

图 4.5　求 1～100 之和运行效果

● **验收结果**

序　号	验 收 内 容	实 现 效 果				
		A	B	C	D	E
1	任务要求的功能实现情况					
2	开发环境安装与置换情况					
3	掌握知识的情况					
4	程序运行情况					
5	团队协作					

说明：在实现效果对应等级中打“√”。

● **验收评价**

验收签字

学习活动 6　**总结拓展**

任务总结与拓展

● **实现效果**

利用 for 循环语句实现了求 1～100 所有整数和的程序。

● **技术层面**

for 循环语句是实现程序重复执行某一段程序块的方式之一。

1．语法

```
for(表达式 1; 表达式 2; 表达式 3)
{
    程序块
}
```

说明：

for 是命令动词，后面紧跟一对小括号，小括号中写 3 个表达式，表达式之间使用“;”间隔；

{}内是循环执行的程序代码。

执行流程如下：

（1）执行表达式 1：给循环变量赋初值；

（2）执行表达式 2：判断条件是否成立。如果成立则执行循环；如果不成立则结束循环；

（3）当程序执行到 for 循环的“}”时，先返回执行表达式 3，再执行表达式 2。

以此类推，从而实现循环执行程序的目的。

2．本任务的代码

```
int main()
{
    //定义存放结果的变量，赋值为 0
    int sum=0;
    int i;   //循环变量

    //循环实现求和
    for(i=1;i<=100;i++)
    {
        sum=sum+i;
    }
    //输出结果
    printf("1+2+3+...+100=%d",sum);

    return 0;
}
```

说明：

循环变量 i：初值为 1，只要小于或等于 100，则条件成立，进入循环体执行求和。

求和变量 sum：第一次循环时，sum=0，i=1。先计算 sum+i，则结果为 1，然后再赋值给 sum，则第一次循环后，sum=1；

循环返回执行 i++，则 i=2；满足条件，继续执行循环，先计算 sum+i，则结果为 1+2=3，然后再赋值给 sum，则第二次循环后，sum=3；

循环返回执行 i++，则 i=3；满足条件，继续执行循环，先计算 sum+i，则结果为 1+2+3=6，然后再赋值给 sum，则第三次循环后，sum=6；依此一直执行 100 次循环，实现了 1+2+3+...+100 的求和。

当 100 次循环后，i++=101 时，条件不成立了，结束循环。执行循环外的代码，则执行输出结果的代码，程序最终结束。

● **课程思政**

根据实现的思路，设计好程序代码，通过 100 次重复执行，最终达成本任务的目标。在日常生活中，重复就是一种精益求精的表现，我国有那么多的大国工匠，他们对自己的工作，就是日复一日，年复一年地重复着，实现从理解到熟悉再到升华的过程。

对我们每一个人来说，如果：

坚持每天做 1 分钟的俯卧撑；

坚持每天读 10 分钟的英文；

坚持每天写 30 分钟的程序；

……

这就是对自己精益求精的一种表现，只要一直坚持下去，一定会有收获。

● 教学拓展

通过本任务的学习与实现，同学们初步掌握了 for 循环的应用，试着编写 1～10 以内的整数相乘。

● 任务小结（请在此记录你在本任务中对所学知识的理解与实现本任务的感悟等）

还想玩玩

下一回：奇偶数也好玩

（巧妙对 for 进行设计，会有意想不到的效果）

任务 2　奇偶数也好玩

目标描述

任务描述

● 编写程序实现

编写 C 语言程序实现 2～100 的所有偶数和。

输入：无

处理：2+4+6+...+100

输出：2+4+6+...+100=?

● 技术层面

掌握 for 循环语句的相关知识。

掌握程序判断奇偶数的方法。

应用 for 循环语句实现本任务。

● 课程思政

善于表达。

学习活动 1　**接领任务**

领任务单

● 任务确认

编写 C 语言程序实现 2～100 的所有偶数和。

具体要求如下：

（1）程序最终能正确展示输出结果；

（2）掌握 C 语言代码的使用规范（变量命名及注释说明）；

（3）程序能正确运行，并具有可扩展性。

● **确认签字**

学习活动 2 **分析任务**

编写 C 语言程序，实现对奇偶数的判断，并结合 for 循环完成任务，具体分析如下：

（1）偶数是指能被 2 整除的数，如 0，2，4，6，8，10 等。

（2）奇数是指不能被 2 整除的数，如 1，3，5，7，9，11 等。

如何判断奇偶数

知识学习：程序中奇偶数的处理

知识学习

	学习笔记
在程序中，我们该如何判断奇偶数呢？ 使用取余（%）运算就可以确定某一个数是不是偶数。 假如要判断的这个数是 x，那么 x % 2，如果结果为 0，则说明该数是偶数，否则为奇数。 如： 4 % 2= 0 10 % 2= 0 6 % 2 =0 说明：4, 10, 6 为偶数。 3 % 2=1 7 % 2 =1 11 % 2 =1 说明：3, 7, 11 为奇数。	

学习活动 3 **制定方案**

实现本任务方案
● **实现思路** 通过对本任务的分析及相关知识学习，实现方案如下。 **方法一：采用取余（%）实现** ① 定义程序中使用的变量（2 个）。

它们是循环变量和存放结果的变量。

② 编写 for 循环，初始化循环变量，设置好条件和记步因子。

③ 在循环体内判断使用取余（%）运算是不是偶数，如果是偶数则相加。

④ 输出结果，程序结束。

方法二：采用对 for 循环记步因子实现

① 定义程序中使用的变量（2 个）。

它们是循环变量和存放结果的变量。

② 编写 for 循环，初始化循环变量=0，设置好条件和记步因子为每次+2。

③ 在循环体内直接求和。

④ 输出结果，程序结束。

- **实现步骤**

（1）在 CodeBlocks 软件中创建一个新项目，项目名称为 oushu100。

（2）在 main()中按实现思路编写程序代码，以实现本任务。

学习活动 4 实施实现

任务实现

- **实现代码**

（1）打开 CodeBlocks 软件，创建一个新的控制台项目，项目名称输入为 oushu100。

（2）打开项目中的 main.c 文件，进入编辑界面。

（3）在 main()中按实现思路完成任务，其代码如下。

方法一：采用取余（%）实现

```
//方法一参考代码
int main()
{
    //定义变量
    int i;  //循环变量
    int sum=0;  //保存结果的变量

    //实现偶数相加的方法一
    for(i=1 ; i<=100 ; i++)
    {
        if( i%2==0)  //判断是不是偶数
        {
            sum=sum+i;
        }
    }
    printf("方法一：2+4+6+...+100=%d",sum);
}
```

方法二：采用对 for 循环记步因子实现

```
//方法二参考代码
int main()
{
    //定义变量
    int i;   //循环变量
    int sum=0;   //保存结果的变量

    //实现偶数相加的方法二

for(i=0 ; i<=100 ; i=i+2)   //循环变量初始=0，记步因子：i=i+2
    {
        sum=sum+i;   //没有判断，直接求和
    }
    printf("方法二：2+4+6+...+100=%d",sum);
}
```

思考：

本任务通过上面两种方法都可以实现，请问哪种方法更优呢？并说明理由。

学习活动 5　测试验收

任务测试验收单

● 实现效果

利用 for 循环语句实现了求 100 以内（含 100）所有偶数和的程序。

按制定的方案进行任务实现，在正确的情况下，任务实现的效果如图 4.6 所示（以方法一为例）。

```
方法一：2+4+6+...+100=2550 Press any key to continue
```

图 4.6　求 100 以内（含 100）的偶数及任务运行效果

● 验收结果

序　号	验 收 内 容	实 现 效 果				
		A	B	C	D	E
1	任务要求的功能实现情况					
2	使用代码的规范性（变量命名、注释说明）					
3	掌握知识的情况					
4	程序性能及健壮性					
5	团队协作					

说明：在实现效果对应等级中打“√”。

● 验收评价

验收签字

学习活动6　总结拓展

任务总结与拓展

● 实现效果

利用 for 循环语句实现了求 100 以内（含 100）所有偶数和的程序。

● 技术层面

如果某一个数%2（取余）运算如果为 0，则说明这个数是一个偶数。巧设 for 循环语句的各表达式，以实现不同的目的，如使用两种方法实现本任务的目标。

方法一：循环变量 i 初值为 1，每循环一次+1，一直循环到 100。
每次循环都要判断 i%2 是否为 0。
如果为 0 则求偶数和，否则（奇数）不求和。

方法二：循环变量 i 初值为 0，每循环一次+2，一直循环到 100。
这样设计，则 i 的值就是 0, 2, 4, 6, ..., 100，所以不用判断，直接求和。

● 课程思政

方法一和方法二都能达成本任务的目标，哪种方法更优呢？

如果让你来回答，应该如何表达呢？

回答示例参考。

> 各位同学好！老师好！
>
> 我叫×××，通过小组交流后，我们认为方法二更优，原因如下。
>
> （1）从循环的次数来说：方法一共循环 100 次，方法二共循环 51 次，方法二胜出；
>
> （2）从消耗时间来说：方法一每次都要除以 2 求余，要消耗一定时间，而判断也要消耗一定的时间。而方法二，不做求余，也不用判断，直接做加法运算，方法二胜出。
>
> 综上所述，我们小组认为方法二更优！
>
> 谢谢大家！

大家觉得按以上方式进行表达，效果是不是很好。

在社会生活中，沟通表达能力是非常重要的。我们每个人都应该具备思考与表达自己想法的能力，通过不断地进行重复演练，逐步培养自己的表达与沟通的能力。

● 教学拓展

通过本任务的学习，尝试利用 for 循环语句，编写实现 1!+2!+3!+4!+5!+6!+7!+8!+9!+10!。

说明：n!即求 n 的阶乘，如 2!=1*2；5!=1*2*3*4*5。

● 任务小结（请在此记录你在本任务中对所学知识的理解与实现本任务的感悟等）

for 循环常用于明确循环次数的情况

在现实中，遇到不确定的情况该怎么办呢

下一回：怪物在什么时候倒下

（解决不确定性）

任务 3　怪物在什么时候倒下

目标描述

任务描述

● **编写程序实现**

编写 C 语言程序，实现模拟游戏中“打怪”的过程。

设定怪物生命值（假定），从键盘输入一个整数作为攻击力，用怪物生命值减去攻击力，当怪物生命值<=0 时，程序结束。

● **技术层面**

掌握 while 循环语句的相关知识。

理解死循环的概念。

应用 while 循环语句实现本任务。

● **课程思政**

坚守做人的底线。

学习活动 1　接领任务

领任务单
● 任务确认 编写 C 语言程序，实现模拟游戏中“打怪”的过程。 具体要求如下： （1）程序最终能正确展示“打怪”结果； （2）掌握 C 语言代码的使用规范（变量命名及注释说明）； （3）程序能正确运行，并应具有可扩展性。 ● 确认签字 --------------------------------

学习活动 2　分析任务

编写 C 语言程序，实现模拟游戏中“打怪”的过程。

（1）设定怪物的生命值，并且该值是固定的。

（2）使用循环来实现攻击的过程。

（3）输入攻击值，并用怪物生命值减去攻击值。

（4）条件判断怪物生命值是否<=0。

（5）如果不成立，则继续循环输入攻击力“打怪”。

（6）如果成立，则结束循环，显示“Game Over!”和总攻击次数。

不同的攻击力，循环次数不一样

知识学习：while 循环语句

	学习笔记
while 循环语句是 C 语言循环语句之一，在给定的条件成立时，反复执行某段程序，直到条件不成立时，跳出循环执行循环后的代码。	

1．语法

```
while(循环条件)
{
    程序语句
}
...
```

说明：

（1）while 语句可以实现循环结构程序，{}内就是循环执行的程序代码；

（2）先判断，再执行；

（3）如果循环条件成立，则执行循环，否则结束循环，执行循环后的语句。

2．while 循环语句执行流程（见图 4.17）

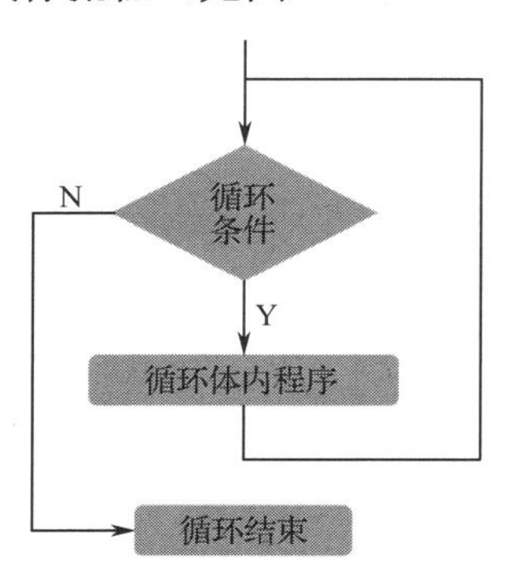

图 4.7　while 循环语句执行

3．while 循环语句举例

实现 100 以内的偶数之和。

```
int main()
{
    //定义变量
    int i;   //循环变量
    int sum=0;   //保存结果的变量

    i=0;
    while(i<=100)
    {
        sum=sum+i;
        i=i+2;
    }
    printf("2+4+6+...+100=%d",sum);
}
```

4．死循环

死循环是指永远不停止的循环，也就是循环条件永远为真。

真正的死循环是没有什么意义的，但我们可以利用这个特性来设计程序，如不明确真实的循环次数时，就可以在循环中设定循环结束的条件，即只要条件成立时就可结束死循环了。

在 C 语言中，循环条件成立，即是真，使用 1 来表示。所以将 while 的循环条件设置为 1 时，就是一个死循环的设计。

```
while(1)
{
    程序语句
}
```

学习活动 3　制定方案

实现本任务方案

● **实现思路**

通过对本任务的分析及相关知识学习，制定方案如下：

（1）定义程序中使用到的变量（3 个）。

3 个变量分别为保存怪物的生命值、每次攻击值和总攻击次数。

（2）用死循环的方式实现的攻击过程。

输入攻击值，并用怪物生命值减去攻击值。

条件判断怪物生命值是否<=0。

如果不成立，则继续循环。

如果成立，则结束循环，显示“Game Over!”　和总攻击次数。

● **实现步骤**

（1）在 CodeBlocks 软件中创建一个新项目，项目名称为 KillEnemy。

（2）在 main()中按实现思路编写程序代码。

学习活动 4　实施实现

任务实现

● **实现代码**

（1）打开 CodeBlocks 软件，创建一个新的控制台项目，项目名称输入为 KillEnemy。

（2）打开项目中的 main.c 文件，进入编辑界面。

（3）在 main()中按实现思路实现任务，其代码如下。

```
int main()
{
    printf("***************模拟打怪物小游戏***************\n\n");
    printf("注意怪物来袭，开始攻击！ \n\n");
    //（1）定义变量
    int HealthValue=10000;   //假设怪物的生命值
    int Killnum=0;   //记录打击次数
    int Attack=0;   //攻击力
    //（2）用死循环实现攻击过程
    while(1)
    {
        Killnum=Killnum+1;   //攻击次数加 1
        printf("输入你的攻击值（0-1000）：");
        scanf("%d",&Attack);
        //计算怪物生命值
        HealthValue=HealthValue-Attack;   //生命值-攻击值
        //判断怪物生命值是否被打光
```

```
            if(HealthValue<=0)
            {
                printf("Game Over! \n");
                break;    //结束循环
            }
            printf("怪物还活着，继续攻击\n");
        }
        //显示攻击次数
        printf("怪物被灭亡，  你一共攻击了：%d 次.",Killnum);
        return 0;
}
```

学习活动 5　测试验收

任务测试验收单

● 实现效果

利用 while 循环语句模拟实现游戏中“打怪”的程序，按制定的方案进行任务实现，在正确的情况下，任务实现的效果如图 4.8 所示。

```
***************模拟打怪物小游戏***************

注意怪物来袭，开始攻击！

输入你的攻击值（0-1000）：99
怪物还活着，继续攻击
输入你的攻击值（0-1000）：800
怪物还活着，继续攻击
输入你的攻击值（0-1000）：1000
怪物还活着，继续攻击
输入你的攻击值（0-1000）：980
怪物还活着，继续攻击
输入你的攻击值（0-1000）：888
怪物还活着，继续攻击
输入你的攻击值（0-1000）：900
怪物还活着，继续攻击
输入你的攻击值（0-1000）：350
怪物还活着，继续攻击
输入你的攻击值（0-1000）：600
怪物还活着，继续攻击
输入你的攻击值（0-1000）：800
怪物还活着，继续攻击
输入你的攻击值（0-1000）：900
怪物还活着，继续攻击
输入你的攻击值（0-1000）：999
怪物还活着，继续攻击
输入你的攻击值（0-1000）：1000
怪物还活着，继续攻击
输入你的攻击值（0-1000）：1000
Game Over!
怪物被灭亡，  你一共攻击了：13次.
```

图 4.8　任务运行效果

● 验收结果

序号	验收内容	实现效果				
		A	B	C	D	E
1	任务要求的功能实现情况					
2	使用代码的规范性（变量命名、注释说明）					

续表

序号	验收内容	实现效果				
		A	B	C	D	E
3	掌握知识的情况					
4	程序性能及健壮性					
5	团队协作					

说明：在实现效果对应等级中打“√”。

● 验收评价

验收签字--------------------------------

学习活动6　总结拓展

任务总结与拓展

● **实现效果**

利用 while 循环语句模拟实现了游戏中“打怪”的程序。

● **技术层面**

while 循环语句是实现程序重复执行某一段程序块的方式之一。

1．语法

```
while(条件表达式)
{
    程序块
}
```

说明：

while 是命令动词，后面紧跟一对小括号，括号内写条件表达式；

{}内是循环执行的程序代码。

执行流程如下。

（1）判断条件是否成立。

（2）如果成立则执行循环；如果不成立则结束循环。

（3）当程序执行到 while 循环的“}”时，返回第一步。

以此类推，从而实现循环执行程序的目的。

2．死循环

死循环指进入循环后，永远不结束的循环。真正的死循环是没有任何意义的，所以大家在写循环程序时，一定注意。但是我们也可以利用死循环的特性，在循环中设定结束循环的条件，就可以实现不确定循环次数的程序了。

● 课程思政

通过本任务的学习，同学们应该明白，再好玩的游戏，也只是一堆“程序代码”而已。

在日常生活中，我们经常听到“游戏人生”这个词，它的核心是“人生”。因此，我们应该拥有一颗积极向上的心，去努力规划，实现美好的人生，而不应该被“游戏”左右。

另外，今天我们学习了死循环的知识，它也是有结束条件的。那么我们做人更应具有自己的底线。

● 任务小结（请在此记录你在本任务中对所学知识的理解与实现本任务的感悟等）

循环界的“先上车，后买票”

下一回：多久才能存够 100 元

任务 4　多久才能存够 100 元

目标描述

任务描述
● 编写程序实现 编写 C 语言程序实现：小丽用多少天才能存够 100 元？ 描述： 小丽的妈妈每天给她 2.5 元，她都会存起来。但是，每当存到第 5 天或是 5 的倍数时，她都会花掉 6 元，请问经过多少天，小丽才能存够 100 元？ ● 技术层面 掌握 do-while 循环语句的相关知识。 应用 do-while 循环语句实现本任务。 ● 课程思政 家国情怀。 树立正确的金钱观。

学习活动 1 接领任务

领任务单
● 任务确认 编写 C 语言程序，计算存够 100 元所需的天数。 具体要求如下： （1）程序最终能正确展示输出结果； （2）掌握 C 语言代码的使用规范（变量命名及注释说明）； （3）程序能正确运行，并具有可扩展性。 ● 确认签字

学习活动 2 分析任务

本任务通过编写 C 语言程序，计算出小丽多少天能存够 100 元。

（1）目标金额总数为 100 元，初始为 0；

（2）使用循环来实现存钱的过程；

（3）每循环一次；

（4）存钱总数+2.5 元，存钱天数+1；

（5）条件判存储总数>=100；

（6）如果不成立，则继续循环；

（7）如果成立，则结束循环，并显示存钱天数。

知识学习：do-while 循环语句

do-while 循环语句是 C 语言循环语句之一，在给定的条件成立时，可反复执行某段程序，直到条件不成立时，跳出循环执行循环后的代码。

1．语法

```
do{
        循环操作语句
} while ( 循环条件 );
...
```

说明：

（1）do-while 语句可以实现循环结构程序，{}内就是循环执行的程序代码；

（2）先执行一遍循环操作，再判断条件。如果符合条件，则循环继续执行，否则循环结束。

学习笔记

2．do-while 循环语句执行流程（见图 4.9）

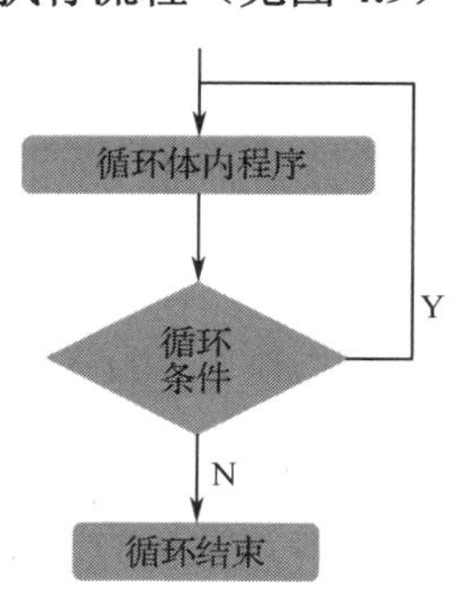

图 4.9　do-while 循环语句执行

3．do-while 循环语句举例

实现 100 以内（含 100）整数之和。

```
int main()
{
    //定义变量
    int i;   //循环变量
    int sum=0;   //保存结果的变量
    i=1;   //这里初值为 1
    do
    {
        sum=sum+i;
        i=i+1;
    }while(i<=100);

    printf("1+2+3+...+100=%d",sum);
    return 0;
}
```

while 实现的例子。

```
int main()
{
    //定义变量
    int i;   //循环变量
    int sum=0;   //保存结果的变量

    i=0;   //这里初值为 0
    while(i<=100)
    {
        sum=sum+i;
        i=i+1;
    }
    printf("1+2+3+...+100=%d",sum);
    return 0;
}
```

因为 do-while 循环是先执行再判断条件，所以会存在多执行一次循环的情况，所以循环变量初值是 1。

这也就是循环界的“先上车，后买票”。

学习活动 3 制定方案

实现本任务方案

● **实现思路**

通过对本任务的分析及相关知识学习，制定方案如下：

（1）定义程序中使用到的变量（2 个）

一个变量用于记录存钱总数；另一个变量用于记录存钱的天数

（2）利用循环实现存钱过程

由于不知道要存多少天，才能存够 100 元，所以使用死循环的方法。

每次循环：

存钱总数 +2.5 元；

判断存钱天数是不是 5 的倍数？如果为是，则存钱总数-6 元；

判断存钱总数 >= 100 元；

如果为是，则显示结果，结束循环，程序结束；

如果为否，则存钱天数 +1，继续循环。

● **实现步骤**

（1）在 CodeBlocks 软件中创建一个新项目，项目名称为 SaveMoney。

（2）在 main()中按实现思路编写程序代码。

学习活动 4 实施实现

任务实现

● **实现代码**

（1）打开 CodeBlocks 软件，创建一个新的控制台项目，项目名称输入为 SaveMoney。

（2）打开项目中的 main.c 文件，进入编辑界面。

（3）在 main()中按实现思路完成任务，其代码如下。

```
int main()
{
     //定义变量
    float moneysum=0;   //钱总数
    int   daycount=1;  //存钱天数
    printf("小丽每天存 2.5 元，每 5 天花 6 元，多少天才能存够 100 元？\n");
    do
    {
```

```
        moneysum=moneysum+2.5;   //每天存 2.5 元
        //判断是否是 5 的倍数
        if(daycount % 5 ==0 )
        {
            printf("第%d 天，已经存钱：%.1f  元(",daycount,moneysum);
            moneysum=moneysum-6;   //花掉 6 元
            printf("今天花出 6 元，还剩:%.1f  元)\n",moneysum);
        }
        //判断是否已经存够 100
        if(moneysum>=100)
        {
            printf("小丽存够 100 元，共用了  %d  天",daycount);
            break;   //结束循环
        }
        //天数增加 1
        daycount=daycount+1;

    }while(1);

   return 0;
}
```

学习活动 5　测试验收

任务测试验收单

● 实现效果

利用 do-while 循环语句实现了小丽存钱的程序，任务实现的效果如图 4.10 所示。

图 4.10　存钱任务的运行效果

● 验收结果

序　　号	验 收 内 容	实 现 效 果				
		A	B	C	D	E
1	任务要求的功能实现情况					
2	使用代码的规范性（变量命名、注释说明）					
3	掌握知识的情况					
4	程序性能及健壮性					
5	团队协作					

说明：在实现效果对应等级中打“√”。

● 验收评价

验收签字____________________

学习活动 6　总结拓展

任务总结与拓展

● 实现效果

利用 do-while 循环语句，实现了小丽存钱的程序。

● 技术层面

do-while 循环语句是实现程序重复执行某一段程序块的方式之一。

语法：

```
do
{
    程序块
}while(条件表达式);
```

说明：

do 和 while 是命令动词，while 后面紧跟一对小括号，括号里写条件表达式，结束时要有“;”；

{}内是循环执行的程序代码。

执行流程：

（1）进入循环体内执行程序；

（2）判断条件，成立执行循环，如果不成立则结束循环；

（3）当程序执行到 while 循环的“}”时，返回（2）。

以此类推，从而实现循环执行程序的目的。

注意：

do-while 循环语句可能会出现已经执行了，但结果不满足条件的情况，所以在使用时一定要注意这个特性。

- **课程思政**

通过本任务的学习，发现小丽用 74 天才能存够 100 元。

赚钱不易，花钱如流水。

在生活中，我们应该学会节约、不攀比，更不能去借贷。

树立正确的金钱观。

同时，我们也应该以生在中国而自豪，因为国家的强大，给了我们一个更安心的学习环境。

感恩父母及亲人，因为有他们做坚强的后盾，才能有这样的幸福生活。

- **教学拓展**

试着使用 do-while 循环语句实现上一次的“打怪”游戏。

- **任务小结**（请在此记录你在本任务中对所学知识的理解与实现本任务的感悟等）

说说这两个兄弟

下一回：一对“孪生兄弟”

（我们已经知道循环中 **break** 语句的功能了，那它的另一个兄弟是谁）

任务 5　一对“孪生兄弟”

目标描述

任务描述
● 目标实现 优化之前实现的 BMI 程序，让它变得更具有交互性。 ● 技术层面 掌握循环中的 break 语句、continue 语句的相关知识。 应用 break 语句、continue 语句解决实际问题。 ● 课程思政 站在用户的角度思考问题。

学习活动1　接领任务

领任务单
● **任务确认** 实现对之前已经完成的BMI程序的优化。 具体要求如下： （1）实现可重复计算任意个人的BMI值； （2）对BMI程序增加询问功能，让其变得更具有交互性； （3）掌握C语言代码的使用规范（变量命名及注释说明）； （4）程序能正确运行，并具有可扩展性。 ● **确认签字**

学习活动2　分析任务

实现对之前已经完成BMI程序的优化。

（1）根据计算所得的BMI值进行区间判断。

① 结论：属于哪种类型。

② 建议：给出你的建议。

但是，仍存在问题。

（2）程序启动一次只能计算一个人的BMI值，如果要计算20个人的BMI值，就要重复启动20次程序。

（3）程序的交互性差。

所以要实现对程序的优化。

增加询问功能如下。

例如，你还继续计算吗（Y/N）？

Y：重新输入数据进行计算。

N：退出程序。

知识学习：break 语句和 continue 语句

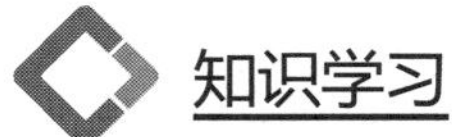

学习笔记

break 语句用于结束循环。如果在循环中遇到它，则直接结束循环，其示例如图 **4.11** 所示。

```
while(循环条件) {
    …
    …
    …
    break;
    …
    …
    …
}
```

```
do {
    …
    …
    …
    break;
    …
    …
    …
}while(循环条件);
```

```
for(; 循环条件; ) {
    …
    …
    …
    break;
    …
    …
    …
}
```

图 4.11　break 语句示例

continue 语句结束本次循环，直接进行下一次循环，其示例如图 **4.12** 所示。

```
while(循环条件) {
    …
    …
    …
    continue;
    …
    …
}
```

```
do {
    …
    …
    …
    continue;
    …
    …
}while(循环条件);
```

```
for(;循环条件; 记步表达式) {
    …
    …
    continue;
    …
    …
}
```

图 4.12　continue 语句示例

举例：

```
int main()
{
    int i;
    for(i=1;i<=10;i++)
    {
        printf("%d ",i);
    }
    return 0;
}
```

这个循环没有使用 break 语句和 continue 语句，循环 10 次后，输出结果为 1 2 3 4 5 6 7 8 9 10。

```
int main()
{
    int i;
    for(i=1;i<=10;i++)
    {
        if(i%2==0)
        {
            continue;
        }
        printf("%d",i);
    }
    return 0;
}
```

这个例子在循环中加了判断，如果这个数是偶数，则执行 continue 语句，否则输出这个数。

输出结果为 1　3　5　7　9。

举例：

```
int main()
{
    int i;
    for(i=1;i<=10;i++)
    {
        if(i%2==0)
        {
            break;
        }
        printf("%d\n",i);
    }

    return 0;
}
```

这个例子在循环中加了判断，如果这个数是偶数，则执行 break 语句，否则输出这个数。

第 1 次循环，i=1，条件不成立，输出 1；
第 2 次循环，i=2，条件成立，执行 break 语句结束循环了。
所以这个例子的输出结果为 1。

学习活动 3　制定方案

实现本任务方案

● **实现思路**

综合应用所学的循环知识，对之前实现的 BMI 程序进行优化，让其变得更具有交互性。BMI 程序的优化思路如图 4.13 所示。

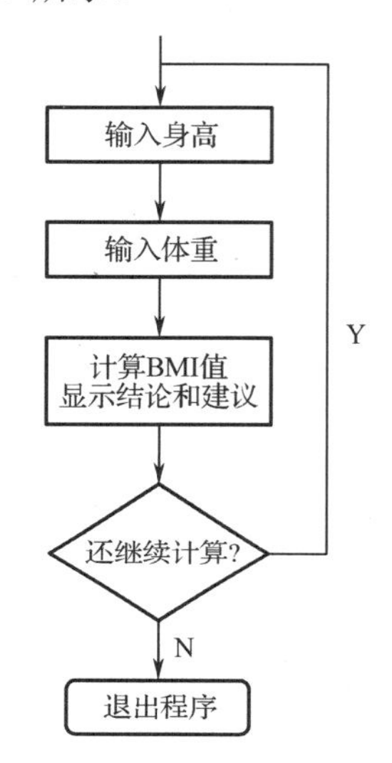

图 4.13　BMI 程序的优化思路

（1）增加循环；
（2）增加询问功能。
例如，你还继续计算吗（Y/N)?
Y：继续循环，重新输入新数据进行计算；
N：退出程序。

● **实现步骤**

（1）启动 CodeBlocks 软件；
（2）打开之前完成的 BMI 程序；
（3）按实现思路编写代码。

学习活动4　实施实现

任务实现

● 实现代码

（1）启动 CodeBlocks 软件，打开之前优化过的 BMI 程序。

（2）按实现思路进行程序优化，其代码如下。

```
int main()
{
    //定义保存数据的变量
    float height=0;
    float weight =0;
    float bmi=0;
    //在这里新加循环
    while(1)
    {
        system("cls");
        //输入数据
        printf("请输入你的身高（单位：米）:");
        scanf("%f",&height);   //输入数据到变量中
        printf("请输入你的体重（单位：千克）:");
        scanf("%f",&weight);   //输入数据到变量中
        //计算 BMI 值
        bmi=weight/(height*height);
        //显示数据
        printf("你的体质指数（BMI）为:%f \n",bmi);
        //判断 BMI 值的区间，给出结论和建议
        printf("----------------------------------------\n");
        if(bmi<18.5)
        {
            printf("结论：你的 BMI<18.5，体重过轻，属于低危险群体\n");
            printf("建议：多注意营养，增加体重！");
        }
        else if(bmi>=18.5 && bmi<24.0)
        {
            printf("结论：你的 18.5≤BMI<24，体重正常\n");
            printf("建议：别骄傲，要保持哦！");
        }
        else if(bmi>=24 && bmi<27)
        {
            printf("结论：你的 24≤BMI<27，体重过重，属于低危险群体\n");
            printf("建议：该减重啦！加强运动。");
        }
        else if(bmi>=27 && bmi<30)
        {
```

```
            printf("结论：你的 27≤BMI<30，轻度肥胖，属于中危险群体\n");
            printf("建议：控制饮食，加强运动，必须减重了。");
        }
        else if(bmi>=30 && bmi<35)
        {
            printf("结论：你的 30≤BMI<35，中度肥胖，属于重危险群体\n");
            printf("建议：减重！减重！减重！");
        }
        else if(bmi>=35)
        {
            printf("结论：你的 BMI≥35，病状肥胖，属于非常危险群体\n");
            printf("建议：在医生的指导下进行减重吧，我不能给你建议了！");
        }
        printf("\n----------------------------------------\n");

        //在这里增加询问
        char  yesorno;
        printf("请问还继续计算吗(y/n)?");
        scanf("%s",&yesorno);
        if(yesorno=='Y' || yesorno=='y')
        {
            continue;  //继续循环
        }
        else
        {
            break;  //退出循环，程序结束
        }
    }  //循环在这里结束
    return 0;
}
```

学习活动 5　测试验收

任务测试验收单

● 实现效果

对以前任务实现的 BMI 程序进行了优化，让其变得更加有交互性，即计算完一个人的 BMI 值后，询问是否继续，如果回答是则继续；如果回答否则结束程序。任务实现的效果如图 4.14 所示。

```
请输入你的身高（单位：米）:1.7
请输入你的体重（单位：千克）:68
你的体质指数（BMI）为:23.529411
----------------------------------------
结论：你的 18.5≤BMI<24，体重正常
建议：别骄傲，要保持哦！
----------------------------------------
请问还继续计算吗(y/n)?
```

图 4.14　BIM 程序优化任务的运行效果

● 验收结果

序　号	验收内容	实现效果				
		A	B	C	D	E
1	任务要求的功能实现情况					
2	使用代码的规范性（变量命名、注释说明）					
3	掌握知识的情况					
4	程序性能及健壮性					
5	团队协作					

说明：在实现效果对应等级中打“√”。

● 验收评价

验收签字

学习活动6　总结拓展

任务总结与拓展

● 实现效果

对以前任务实现的BMI程序进行了优化，让其变得更加有交互性，即计算完一个人的BMI值后询问是否继续，如果回答是则继续；如果回答否则结束程序。

● 技术层面

（1）继续完成计算功能（重复执行实现计算的代码），可以采用循环语句来实现。

（2）使用while循环相对来说要好些。因为用户继续操作的次数不确定，所以使用while进行死循环，在程序中做结束判断。

（3）循环加的位置。

（4）询问功能中根据判断，巧妙使用continue语句和break语句实现继续计算和结束程序。

● 课程思政

没有优化的BMI程序运行一次只能计算一个人的BMI值，大家试想一下，如果用户想计算多个人的BMI值，那就得不断地启动程序，这样就会很烦琐且低效。

所以，我们学了循环语句的知识后，就可以应用这些知识来解决这样的问题。程序计算完后，询问是否继续计算，如果用户不计算了，则选择N；如果用户还要计算，则选择Y，这样是不是感觉很亲切呀。所以作为一个程序员来说，在以后的职业生涯中，应该多站在用户的角度思考问题，这样开发出的产品才可能更适合于用户。

- 任务小结（请在此记录你在本任务中对所学知识的理解与实现本任务的感悟等）

开启新征程

下一回：进入模块 5　C 语言程序中的数组应用

（介绍数组的相关知识）

模块 5

C 语言程序中的数组应用

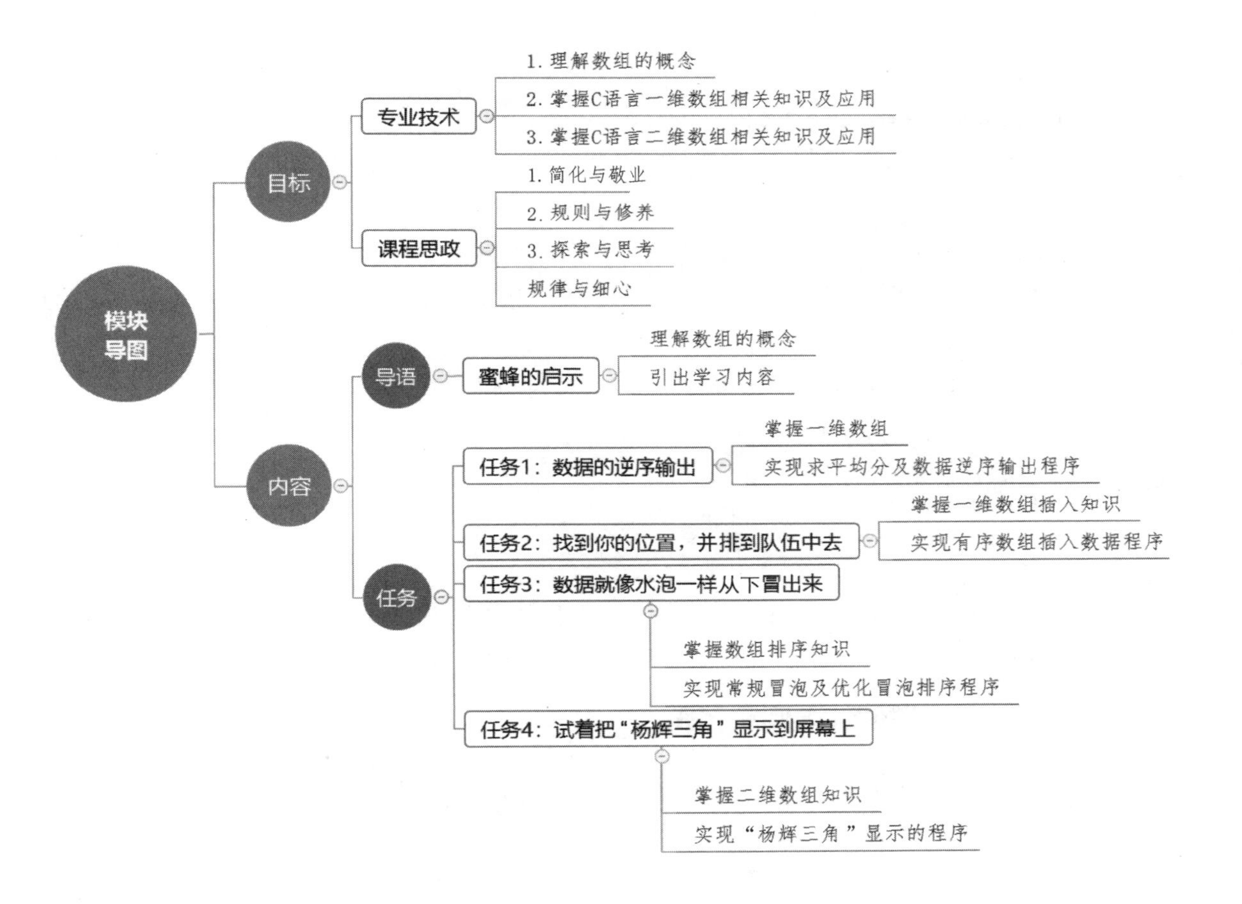

项目导语：蜜蜂的启示

1．从问题说起

求某个班学生数学成绩的平均分，我们可以这样编写程序（为了说明问题，假设这个班只有 5 名学生），程序实现的思路如下：

（1）定义 5 个变量，用于存放 5 名学生的数学成绩；

（2）键盘输入 5 名学生的成绩，并保存到 5 个变量中；

（3）将 5 个变量相加的和除以 5 计算平均分；

（4）输出计算结果，程序结束。

程序实现代码如下：

```
int main()
{
    //定义 5 个变量
    int stu1,stu2,stu3,stu4,stu5;
    int stuavg=0;   //存放平均分

    //键盘输入 5 个成绩
    printf("请输入这 5 名学生的数学成绩：");
    scanf("%d%d%d%d%d",&stu1,&stu2,&stu3,&stu4,&stu5);

    //计算平均分
    stuavg=(stu1+stu2+stu3+stu4+stu5)/5;
    //显示结果
    printf("平均分：%d",stuavg);
    return 0;
}
```

说明：

上面程序实现了求 5 名学生成绩的平均分。在程序中定义了 stu1、stu2、stu3、stu4、stu5 5 个变量，分别用于保存 5 名学生的成绩，然后相加求和后，除以 5 得到平均分。

发现什么问题了吗

如果这个班有 50 名学生，或者更多，该怎么办

当同一种类型的数据不止一个时，

如果使用一个个的变量来处理，则效率会很低。

2．蜜蜂的启示

我们来观察一下大自然界中最辛勤的工程师——蜜蜂的生活。

蜜蜂通过蜂巢（见图 5.1）来存放酿造的蜂蜜，想存放更多的蜂蜜时，蜂巢就需要做大一些，反之就做小一些，即根据存放蜂蜜的多少来决定蜂巢的大小。蜂巢一旦被破坏，所有的蜂蜜就都毁了。所以，蜂巢就是存放蜂蜜的容器，它里面存放的蜂蜜类型都是一样的。

牵一发则动全身

图 5.1　蜂巢

基于蜜蜂酿蜜的过程，能给我们带来什么启发呢？

处理学生的成绩时，由于每个学生成绩的数据类型都是一样的，是不是可以当作蜂巢来看待。每个班的学生人数就决定了蜂巢的大小（见图 5.2）。

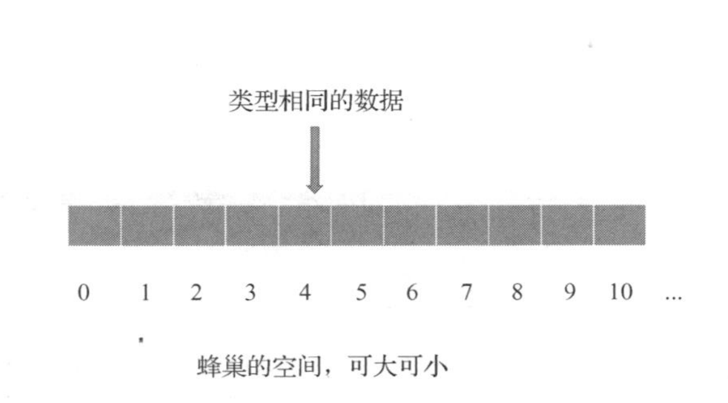

图 5.2　程序中的蜂巢——数组

数组就是程序中的“蜂巢”

数组：

（1）存放同一数据类型的数据集合；

（2）数组存放空间可大可小。

在程序中如何使用数组

为了介绍程序中的数组知识，本模块共设计以下 4 个任务。

任务 1：数据的逆序输出；

任务 2：找到你的位置，并排到队伍中去；

任务 3：数据就像水泡一样从下冒出来；

任务 4：试着把“杨辉三角”显示到屏幕上。

任务 1　数据的逆序输出

目标描述

任务描述
● **目标实现** （1）利用数组知识实现求某班 50 名学生某门课程的平均分。 输入：50 名学生的成绩。 输出：成绩的平均分。 （2）利用数组知识实现“数据逆序输出”。 输入：1 3 5 9 7 6 8 2 4 0。 输出：0 4 2 8 6 7 9 5 3 1。 ● **技术层面** 掌握一维数组的定义及应用。 ● **课程思政** 化繁为简。 敬业精神。

学习活动 1　接领任务

领任务单
● **任务确认** 通过编写 C 语言程序，分别实现统计班级 50 名学生的平均分和将一组数据逆序输出。 具体要求如下： （1）程序能正确统计，并输出 50 名学生成绩的平均分； （2）程序能将任意的 10 个整数按逆序排序并输出； （3）掌握 C 语言代码的使用规范性（变量取名及注释说明）； （4）程序能正确运行，并具有可扩展性。 ● **确认签字**

学习活动 2　分析任务

本任务实现的内容：

（1）编程实现统计 50 名学生的平均分；

（2）编程实现任意输入 10 个整数保存到数组中，然后逆序输出。

统计 50 名学生成绩的平均分。这是一个数据集合的处理，上面已经介绍使用数组的方式来实现将变得更加高效。

将 10 个整数按输入的顺序进行逆序输出，同时也是使用数组来实现的最佳选择。

所以，本任务将开启对数组的学习与应用，下面就先从认识数组开始吧。

知识学习：C 语言的数组

学习笔记

我们知道一个变量只能存放单一数据。但在实际中，我们经常需要处理批量数据，如输入 30 名学生的成绩，并对这些成绩进行排序，就需要保存 30 个数据。就要在程序中使用 30 个变量来保存数据，程序会变得很烦琐。如果随着学生人数增加到 200 人，则需要大量修改程序，程序的扩展性会变得非常的差。

所以，数组是相同类型的数据的集合。通过定义一个可存放 200 个数据的数组就可以解决以上问题。

1．数组的特点

（1）名称：数组名；

（2）容量：存放多少个数据；

（3）元素：数组中的每一个数据；

（4）下标：访问数组中某一个元素的标号，数组的下标是从 0 开始的。

如下定义了一个 A 数组：

```
int A[5];
```

说明：

（1）数组名：A。

（2）容量：5，可以存放 5 个整型数据。

（3）元素：其中这 5 个整型数据的访问地址为 A[0]～A[4]。

A[0]	A[1]	A[2]	A[3]	A[4]

2．数组定义

数组必须先定义，后使用。

数组定义的语法如下：

```
Type arrayName [ arraySize ];
```

说明：

（1）Type：数据类型，可以是任意有效的数据类型。

（2）arrayName：数组名。

（3）arraySize：数组的大小决定可以存放多少个数据，必须是一个大于零的整数常量。

例如：

```
int   A[10];    //可以存放 10 个整数
float  B[30];  //可以存放 30 个小数
char  C[50];  //可以存放 50 个字符
```

3．初始化数组

初始化数组就是给数组赋初值的过程，有以下两种方式。

（1）逐个初始化数组。

int A[5] = {10,20,1,3,5};

提示：{}内值的数目不能大于在数组声明时[]内指定的元素数目。

A[0]	A[1]	A[2]	A[3]	A[4]
10	20	1	3	5

（2）省略数组的大小初始化数组。

int A[] = {10,20,1,3,5,100};

提示：如果省略数组的大小，数组的大小则为初始化时元素的个数。由于初始化时元素个数是6，所以数组A的元素个数就是6。

A[0]	A[1]	A[2]	A[3]	A[4]	A[5]
10	20	1	3	5	100

4．访问数组元素

数组声明后，就可以对其进行访问操作了。

如下定义了一个A数组，就可以存放5个整型数据：

```
int A[5];
```

操作：

A[0]=6;

A[4]=3;

A[2]=5;

int x=A[2];

A[0]	A[1]	A[2]	A[3]	A[4]
6		5		3

计算 x=?

因为 x=A[2]，而 A[2]=5，所以 x=5。

小结：

（1）数组定义后就拥有存放数据的元素，元素个数为数组的大小，元素的下标从0开始。定义一个存放5个数据的A数组，则A数组的元素个数为5，下标从0开始，即A[0]到A[4]，共5个元素。

（2）数组的每一个元素相当于一个变量，可以进行各种操作。

（3）可以将数组的元素赋值给变量，也可以对其进行赋值等运算。

学习活动3　制定方案

实现本任务方案

● 实现思路

本任务完成的实现思路如下：

1．利用数组知识实现某班 50 名学生某门课程的平均分

（1）定义一个能存放 50 个整数的一维数组；

（2）使用 for 循环进行 50 次循环；

（3）从键盘输入 50 名学生的成绩后，计算总分；

（4）循环结束后，计算平均分（总分/50）；

（5）输出结果，程序结束。

2．利用数组知识实现“数据逆序输出”

（1）定义一个能存放 10 个整数的一维数组；

（2）使用 for 循环从键盘输入 10 个整数；

（3）利用 for 循环 5 次交换数组中的值后，顺序输出；

（4）输出结果。

利用 for 循环输出数组的结果（直接将循环变量从最大值到 1 进行循环输出）

● **实现步骤**

（1）在 CodeBlocks 软件中创建两个新项目：

① 求平均分的项目名称为 getAVG。

② 数据逆序输出项目名称为 outArray。

（2）分别在各个项目的 main()中按实现思路编写代码。

学习活动 4　实施实现

任务实现

● 实现代码

1．实现 50 名学生的平均分

（1）打开 CodeBlocks 软件，创建一个新的控制台项目，项目名称输入为 getAVG。

（2）打开项目中的 main.c 文件，进入编辑界面。

（3）在 main()中按实现思路完成任务，其代码如下。

```
int main()
{
    //定义 1 个数组，可存放 50 名学生的成绩
    int stu[50];
    int stuavg=0;  //存放平均分
    int i;//循环变量
    for(i=0; i<50; i++)
    {
        //键盘输入学生成绩
        printf("请输入第 %d 个学生成绩：", i+1);
        scanf("%d",&stu[i]);
        //求和
        stuavg=stuavg+stu[i];
    }
```

```
    //计算平均分
    stuavg=stuavg/50;
    //显示结果
    printf("平均分：%d",stuavg);
    return 0;
}
```

2．数据逆序输出

（1）打开 CodeBlocks 软件，创建一个新的控制台项目，项目名称输入为 outArray。

（2）打开项目中的 main.c 文件，进入编辑界面。

（3）在 main()中按实现思路完成任务，其代码如下。

```
int main()
{
    int i, a[10];
    for(i=0; i<10; i++)                //输入数据保存到数组
    {
        scanf("%d",&a[i]);
    }
    for(i=9; i>=0; i--)                //逆序输出
    {
        printf(" %d",a[i]);
    }
    return 0;
}
```

学习活动 5　测试验收

任务测试验收单

● **实现效果**

利用一维数组的知识，实现求某班 50 名学生某门课程的平均分，如图 5.3 所示。实现数据逆序输出的效果如图 5.4 所示。

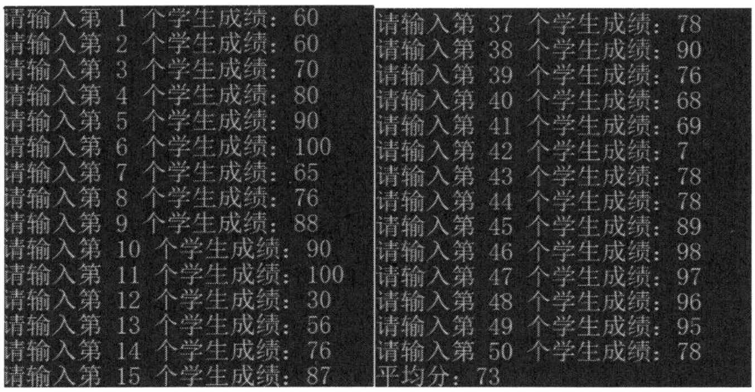

```
请输入第 1 个学生成绩：60
请输入第 2 个学生成绩：60
请输入第 3 个学生成绩：70
请输入第 4 个学生成绩：80
请输入第 5 个学生成绩：90
请输入第 6 个学生成绩：100
请输入第 7 个学生成绩：65
请输入第 8 个学生成绩：76
请输入第 9 个学生成绩：88
请输入第 10 个学生成绩：90
请输入第 11 个学生成绩：100
请输入第 12 个学生成绩：30
请输入第 13 个学生成绩：56
请输入第 14 个学生成绩：76
请输入第 15 个学生成绩：87

请输入第 37 个学生成绩：78
请输入第 38 个学生成绩：90
请输入第 39 个学生成绩：76
请输入第 40 个学生成绩：68
请输入第 41 个学生成绩：69
请输入第 42 个学生成绩：7
请输入第 43 个学生成绩：78
请输入第 44 个学生成绩：78
请输入第 45 个学生成绩：89
请输入第 46 个学生成绩：98
请输入第 47 个学生成绩：97
请输入第 48 个学生成绩：96
请输入第 49 个学生成绩：95
请输入第 50 个学生成绩：78
平均分：73
```

图 5.3　求 50 名学生平均分的实现效果

```
1 2 3 4 5 6 7 8 9 10
 10 9 8 7 6 5 4 3 2 1Press any key to continue
```

图 5.4　数据逆序输出的效果

● 验收结果

序　号	验 收 内 容	实 现 效 果				
		A	B	C	D	E
1	任务要求的功能实现情况					
2	开发环境安装与置换情况					
3	掌握知识的情况					
4	程序运行情况					
5	团队协作					

说明：在实现效果对应等级中打“√”。

● 验收评价

验收签字____

学习活动 6　总结拓展

任务总结与拓展

● 实现效果

利用一维数组的知识，实现了两个任务：

（1）求某班 50 名学生某课程的平均分；

（2）数据的逆序输出。

● 技术层面

介绍了一维数组的相关知识，包括数组的特点、数组的定义、数组的初始化、数组元素的操作等。

● 课程思政

通过本任务的学习，大家对一维数组的相关知识有了较全面的认识及理解，希望同学们不断加强练习，同时也能有更多的思考。

（1）化繁为简

求某班 50 名学生某门课程的平均分，只需要定义一个能存放 50 个数据的数组（一行代码）即可，省去了传统定义 50 个变量的思路；同时利用一个 for 循环完成对 50 名学生成绩的输入，提高了工作效率。

实现数据逆序输出时，将 10 个数据输入数组中，利用数组元素下标的连续性，在输出时将 for 循环初值从 9 开始递减到 0，即可完成数据的逆序输出。希望同学们在日常的生活中，多思考、多分析，尽量做到把繁杂的事情简单化。

（2）敬业精神

希望同学们要像蜜蜂一样，敬业于现在的学业，以及未来将从事的工作。

● **教学拓展**

利用一维数组的知识，尝试使用数组实现模块 3 中任务 3 的内容。

● **任务小结**（请在此记录你在本任务中对所学知识的理解与实现本任务的感悟等）

想知道，怎样在数组中插入数据吗

下一回：找到你的位置，并排到队伍中去

（解决数组插入数据的问题）

任务 2　找到你的位置，并排到队伍中去

目标描述

任务描述
● **编写程序实现** 在一个从小到大排序的有序数组中插入一个新数，并保证该数组有序。 ● **技术层面** 掌握一维数组的应用。 掌握插入新数据到现有数组中的原理。 ● **课程思政** 遵守社会规则。 加强自身修养。

学习活动1　接领任务

领任务单
● **任务确认** 通过编写 C 语言程序，实现在一个从小到大排序的有序数组中插入一个新数，并保证插入后该数组依然有序。 具体要求如下： （1）程序最终能在有序数组中正确插入数据，并保证数组仍然有序； （2）掌握 C 语言代码的使用规范（变量取名及注释说明）； （3）程序能正确运行，并具有可扩展性。 ● **确认签字**

学习活动2　分析任务

编写 C 语言程序，实现在一个从小到大排序的有序数组中插入一个新数（见图 5.5），并保证插入后该数组仍然有序，其分析如下：

（1）假如在一个具有 5 个元素的有序数组中，插入一个新数据 40；

（2）找到新数据 40 应该插入的位置；

（3）将该位置开始后的所有数据依次往后移位；

（4）腾出位置以插入这个新数据，使其仍是一个有序数组。

实现有序数组插入数据

（1）这个数组必须是有序的。

（2）定义数组时要多定义一个元素。

A[0]	A[1]	A[2]	A[3]	A[4]
10	20	50	70	

↑ 40

A[0]	A[1]	A[2]	A[3]	A[4]
10	20	40	50	70

图 5.5　有序数组中插入数据

知识学习：有序数组插入数据介绍

示例代码如下：

```
int main()
{
//定义一个可存放 6 个数的数组
    int a[6]= {1,3,5,7,9};
    int i, j, n;
```

学习笔记

```
    scanf("%d",&n);                    //输入要插入的数
    for(i=0; i<=4; i++)
    {
        if(n>a[4])                     //插入的这个数最大（特殊）
        {
            a[5]=n;
        }
        else if(n>=a[i] && n<=a[i+1])
        {
            for(j=5 ; j>i+1 ; j--)
            {
                a[j]=a[j-1];           //依次往后退位
            }
            a[i+1]=n;                  //插入这个数
            break;                     //循环结束
        }
    }
    //显示输出
    for(i=0; i<6 ; i++)
    {
        printf(" %d", a[i]);
    }
    return 0;
}
```

分析：

（1）如果插入的数据是 40，则直接写到最后一个元素（特殊）；

（2）如果插入的数据是 6，则找到插入的位置，也就是 i=2 时逐位后移动数据，所以，j 循环两次 5=>4，实现 a[5]=a[4],a[4]=a[3]；

（3）执行 a[i+1]=n；即 a[3]=6，完成数组的插入。

a[0]	a[1]	a[2]	a[3]	a[4]	a[5]
1	3	5	7	9	

学习活动 3　制定方案

实现本任务方案

● 实现思路

（1）定义一个数组；

（2）给数组赋值，最后一个元素空着；

（3）输入要插入的数；

（4）完成数组的插入。

先要找到新数据应该插入的位置，然后将该位置开始以后的所有数据依次往后移位，腾出位置以插入这个新数据，并使其插入后仍然是一个有序数组。

● 实现步骤

（1）在 CodeBlocks 中创建一个新项目，项目名称为 insertArray。

（2）在 main()中按实现思路编写代码。

学习活动 4　实施实现

任务实现

● 实现代码

（1）打开 CodeBlocks 软件，创建一个新的控制台项目，项目名称输入为 insertArray。

（2）打开项目中的 main.c 文件，进入编辑界面。

（3）在 main()中按实现思路完成任务，其代码如下。

```
int main()
{
    int a[6]= {1,3,5,7,9};              //定义一个可存放 6 个数的数组
            int i, j, n;
            scanf("%d",&n);             //输入要插入的数
    for(i=0; i<=4; i++)
    {
        if(n>a[4])                      //插入的这个数最大（特殊）
        {
            a[5]=n;
        }
        else if(n>=a[i] && n<=a[i+1])
        {
            for(j=5 ; j>i+1 ; j--)
            {
                a[j]=a[j-1];            //依次往后退位
            }
            a[i+1]=n;                   //插入这个数
            break;                      //循环结束
        }
    }
    //显示输出
    for(i=0; i<6 ; i++)
    {
        printf(" %d", a[i]);
    }
    return 0;
}
```

分析：

（1）如果插入数据为 40，则插入的数据比现有所有数据都大（特殊），可以直接写到最后一个元素。

（2）如果插入数据为6，则要找到插入的位置为i=2，往后移动位置j: 5,4，
a[5]=a[4]
a[4]=a[3]
数据移动后，可直接插入新数据a[3]=6。

学习活动5　测试验收

任务测试验收单

● 实现效果

在一个有序的一维数组中插入新数据，并保持该数组仍有序。

按制定的方案进行任务实现，在正确的情况下，其效果如图5.6所示。

```
4
 1 3 4 5 7 9Press any key to continue
```

图5.6　有序数组插入数据的实现效果

● 验收结果

序　　号	验收内容	实现效果				
		A	B	C	D	E
1	任务要求的功能实现情况					
2	使用代码的规范性（变量取名、注释说明）					
3	掌握知识的情况					
4	程序性能及健壮性					
5	团队协作					

说明：在实现效果对应等级中打“√”。

● 验收评价

验收签字 ....

学习活动6　总结拓展

任务总结与拓展

● 实现效果

在一个有序的一维数组中插入新数据，并保持该数组仍有序。

● 技术层面

一维数组插入数据的应用与算法。

● **课程思政**

本任务实现了对一个有序的一维数组中插入新数据，并保持该数组仍有序，要完成本任务的前提是这个数组必须是有序的。这点同学们在定义数组时一定要注意，否则实现不了本任务。

在我们生活中也有无数的规则，如遵守交通规则，红灯停绿灯行；18 岁以后才可以去网吧之类的场所等。

我们应该做一个遵守社会规则、有修养的人。

● **任务小结**（请在此记录你在本任务中对所学知识的理解与实现本任务的感悟等）

如果不是有序的数组该怎么办呢

下一回：数据就像水泡一样从下往上冒出来

（解决数组有序的问题）

任务 3　数据就像水泡一样从下往上冒出来

目标描述

任务描述
● **编写程序实现** 编写程序实现对保存 *N* 个整数的数组进行排序，排序指升序/降序。 ● **技术层面** 利用“冒泡排序法”实现对数组的排序。 掌握“冒泡排序法”的优化实现。 ● **课程思政** 勇于探索。 勤于思考。

学习活动 1 接领任务

领任务单

- **任务确认**

编写 C 语言程序，使用“冒泡排序法”对数组进行排序。

具体要求如下：

（1）程序最终能正确展示数组排序后的结果；

（2）使用传统“冒泡排序法”和优化“冒泡排序法”分别实现；

（3）掌握 C 语言代码的使用规范性（变量取名及注释说明）；

（4）程序能正确运行，并具有可扩展性。

- **确认签字**

学习活动 2 分析任务

编写 C 语言程序，利用“冒泡排序法”对数组进行排序。

知识学习：冒泡排序算法

学习笔记

1. 原理

比较相邻两个元素，如果第 1 个比第 2 个大，则交换两个数（升序），并依次对每一对相邻元素进行同样操作，直到最后一对，找出最大的数放到最后一个元素中。持续对越来越少的元素重复上面的步骤，直到没有任何一对数字需要比较，如图 5.7 所示。

a[0]	8	5	5	5	5
a[1]	5	8	4	4	4
a[2]	4	4	8	2	2
a[3]	2	2	2	8	0
a[4]	0	0	0	0	8
a[5]	9	9	9	9	9

图 5.7 “冒泡排序法”的原理

说明：

（1）对一组数中的相邻两个数进行比较、交换，将最大（小）数交换至尾（首）部，即完成了一次冒泡排序。

（2）要想对 N 个数字进行排序，循环 N 次即可。

2．举例（见图 5.8）

冒泡排序法

int A[5]={8, 5, 7, 9, 6}；

循环总趟数=数据总个数-1（本例：5-1=4）
每趟两相邻数比较次数=总个数-1-当前趟数（本例第0趟：5-1-0=4）
说明：循环实现为4（0～4，共5次）

		第0趟					第1趟				第2趟			第3趟		第4趟
A[0]=	8	8	5	5	5	5	5	5	5	5	5	5	5	5	5	5
A[1]=	5	5	8	7	7	7	7	7	7	7	7	7	6	6	6	6
A[2]=	7	7	7	8	8	8	8	8	8	6	6	6	7	7	7	7
A[3]=	9	9	9	9	9	6	6	6	6	8	8	8	8	8	8	8
A[4]=	6	6	6	6	6	9	9	9	9	9	9	9	9	9	9	9
（外循环）趟数=》		第0趟					第1趟				第2趟			第3趟		第4趟
（内循环）每趟循环数=》		循环5次					循环4次				循环3次			循环2次		循环1次

图 5.8　冒泡排序法的执行过程

说明：

（1）定义一个存放 5 个数据，且无序的数组 A；

（2）“冒泡排序法”的执行过程。

采用双重循环实现，外循环决定循环趟数，内循环决定每趟循环中相邻数比较的次数。（数组下标从 0 开始）

第 0 趟：内循环 5 次，得到这一趟最大数为 9；

第 1 趟：内循环 4 次，得到这一趟最大数为 8；

第 2 趟：内循环 3 次，得到这一趟最大数为 7；

第 3 趟：内循环 2 次，得到这一趟最大数为 6；

第 4 趟：内循环 1 次，得到这一趟最大数为 5。

循环结束，实现排序过程。

小结：

（1）循环总趟数=数据总个数-1（本例：5-1=4）

（2）每趟两相邻数比较次数=总个数-1-当前趟数（本例第 0 趟：5-1-0=4）

特别说明：循环实现为 4（0～4，共 5 次，因为数组下标从 0 开始）

学习活动 3　**制定方案**

实现本任务方案

- **实现思路**

采用“冒泡排序法”实现对数组排序，涉及传统算法及优化算法，大致思路如下：

（1）定义一个能存放 10 个整数的一维数组，并存放 10 个无序的数。

（2）使用双重循环利用“冒泡排序法”进行操作。

外循环决定总共循环多少趟（总个数-1），

内循环实现两相邻数比较（每趟循环次数：总个数-1-当前趟数）

（3）输出有序数列。

● **实现步骤**

（1）在 CodeBlocks 软件中创建一个新项目，项目名称为 maoPao。

（2）在 main()中按实现思路编写代码。

学习活动 4　实施实现

任务实现

● 实现代码

1．传统“冒泡排序法”实现对数组排序的代码

```
int main()
{
    int a[10]= {12,43,9,13,67,98,101,89,3,35};      //10 个数的无序数列
    int i, j, t;
    printf("此程序使用“冒泡排序法”排列无序数列！\n");
    //冒泡排序
    for(i=0; i<10-1; i++)                              //趟数：总个数-1
    {
        for(j=0; j<10-1-i; j++)                        //每趟比较次数：总个数-1-当前趟数
        {
            if(a[j]>a[j+1])                            //两相邻数比较，交换两个数的位置（升序）
            {
                t=a[j+1];
                a[j+1]=a[j];
                a[j]=t;
            }
        }
    }
    printf("排列好的数列是：\n");                       //输出排列好的数列
    for(i=0; i<10; i++)
    {
        printf("%d ",a[i]);
    }
    return 0;
}
```

2．“冒泡排序法”优化方法一

按照“冒泡排序法”可以实现对数组的排序。如果在没有循环完总趟数时数组就已经有序了，就没必要再做后面的比较了，下面就对其进行优化。

如图 5.9 所示，在第 2 趟时，数组就已经有序，因此就没必要进行后面的计算了。

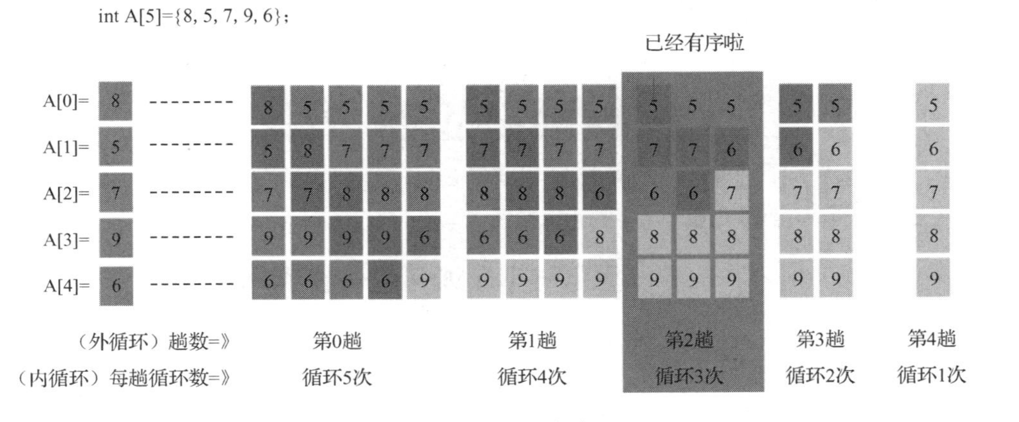

图 5.9　数组已有序

优化思路

（1）判断数列是否已有序。

（2）做出标记。

（3）剩下的几轮排序就可以不必执行，提早结束工作了。

```
int main()
{
    int a[10]= {12,43,9,13,67,98,101,89,3,35};        //10 个数的无序数列
    int i, j, t;
    int isSorted=0;                                   //有序标记
    printf("此程序使用“冒泡排序法”排列无序数列！\n");
    //冒泡排序
    for(i=0; i<10-1; i++)                             //趟数：总个数-1
    {
        isSorted=1;                                   //假设为有序
        for(j=0; j<10-1-i; j++)                       //每趟比较次数：总个数-1-当前趟数
        {
            if(a[j]>a[j+1])                           //两个相邻数比较，交换两个数的位置（升序）
            {
                t=a[j+1];
                a[j+1]=a[j];
                a[j]=t;
                isSorted=0;                           //有交换，说明无序
            }
        }
        if(isSorted)                                  //条件成立，说明没有进行过交换，已有序了
        {
            break;                                    //结束循环，提前收工
        }
    }
}
```

3.“冒泡排序法”优化方法二

假如有以下这样一个数组：

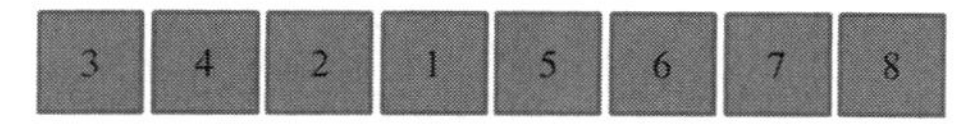

这个数列的特点是前半部分为（3，4，2，1）无序，后半部分为（5，6，7，8）有序（升序）。并且后半部分的元素已是数列最大值。

思考一下，如何进一步优化

分析：

按照现有的逻辑，有序区的长度和排序的轮数是相等的。例如，第 1 趟排序过后的有序区长度是 1，第 2 趟排序过后的有序区长度是 2……

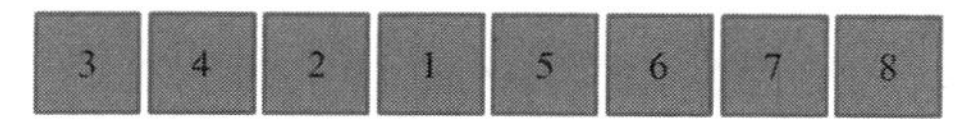

实际上，数列真正的有序区可能会大于这个长度，如例子中仅第 2 趟，后面 5 个元素实际都属于有序区，因此对后面的元素进行比较是没有意义的。

思考：

在每趟排序的最后，都可以记录下最后一次元素交换的位置，那个位置就是无序数列的边界，再往后就是有序区了。

优化思路：

问题的关键在于对数列有序区的界定。

优化后的代码如下：

```
int main()
{
    int a[8]= {3,4,2,1,5,6,7,8};                //8 个数的无序数列
    int i, j, t;
    int isSorted=0;
    int lastExchangeIndex = 0;                  //记录最后一次交换的位置
    int sortBorder = 7 ;                        //无序数列的边界，每次只需要比较到这里
    for(i=0; i<8-1; i++)                        //趟数：总个数-1
    {
        isSorted=1;
        for(j=0; j<sortBorder; j++)             //每一趟比较次数：无序的边界
        {
            if(a[j]>a[j+1])                     //两个相邻数比较，交换两个数的位置（升序）
            {
                t=a[j+1];
                a[j+1]=a[j];
                a[j]=t;
                isSorted=0;
                lastExchangeIndex = j;          //记录最后一次元素交换的位置
            }
        }
        sortBorder = lastExchangeIndex;         //记录无序的边界
```

```
            if(isSorted) {
                break;
            }
        }
    }
```

学习活动 5　测试验收

任务测试验收单

● 实现效果

利用"冒泡排序法"实现对数组进行排序。按制定方案进行任务实现，在正确的情况下，任务实现的效果如图 5.10 所示。

```
此程序使用冒泡排序法排列无序数列!
排列好的数列是:
3 9 12 13 35 43 67 89 98 101 Press any key to continue
```

图 5.10　"冒泡排序法"的运行效果

● 验收结果

序　号	验收内容	实现效果				
		A	B	C	D	E
1	任务要求的功能实现情况					
2	使用代码的规范性（变量取名、注释说明）					
3	掌握知识的情况					
4	程序性能及健壮性					
5	团队协作					

说明：在实现效果对应等级中打"√"。

● 验收评价

验收签字 ____

学习活动 6　总结拓展

任务总结与拓展

● 实现效果

利用"冒泡排序法"实现对数组进行排序。

● 技术层面

详细介绍了"冒泡排序法"的算法实现。

“冒泡排序法”优化一解决了中途数组已经有序。

“冒泡排序法”优化二解决了有序与无序的边界，更大地优化了算法。

- **课程思政**

通过本任务的学习，同学们掌握了“冒泡排序法”的相关知识。

同时，对“冒泡排序法”又进行了二次优化，说明做任何事，我们应保持“没有最好，只有更优。”的心态，让自己成为一个勇于探索、勤于思考的人。

- **任务小结**（请在此记录你在本任务中对所学知识的理解与实现本任务的感悟等）

玩了这么久的一维数组，有没有二维数组

下一回： 试着把“杨辉三角”显示到屏幕上

（二维数组的应用）

任务 4　试着把“杨辉三角”显示到屏幕上

目标描述

任务描述

- **编写程序实现**

按“等腰三角形”的形态显示出“杨辉三角”前 10 行数据，如图 5.11 所示。

```
                  1
                1   1
              1   2   1
            1   3   3   1
          1   4   6   4   1
        1   5  10  10   5   1
      1   6  15  20  15   6   1
    1   7  21  35  35  21   7   1
  1   8  28  56  70  56  28   8   1
1   9  36  84 126 126  84  36   9   1
```

图 5.11　“杨辉三角”显示示意

- **技术层面**

掌握二维数组的定义及应用。

掌握“杨辉三角”的计算方法。

- **课程思政**

做事细心。

探寻规律。

学习活动 1　接领任务

领任务单
● 任务确认 利用二维数组的知识实现显示“杨辉三角”的前 10 行数据。 具体要求如下： （1）程序最终能正确展示“杨辉三角”的前 10 行数据； （2）掌握 C 语言代码的使用规范（变量取名及注释说明）； （3）程序能正确运行，并具有可扩展性。 ● 确认签字

学习活动 2　分析任务

利用二维数组的知识实现显示“杨辉三角”的前 10 行数据。

那就先来认识一下杨辉这个人吧。

杨辉，字谦光，南宋时期钱塘（今浙江省杭州）人，数学家。1261 年，他在所著的《详解九章算法》中提出了“杨辉三角”。在欧洲，帕斯卡于 1654 年发现这个规律，所以这个表又被称为“帕斯卡三角形”。

发现什么问题了吗

我国的数学家杨辉发现这个规律比帕斯卡要早 393 年。

我们来了解一下“杨辉三角”吧（见图 5.12）。

剖析

（1）每行数的个数与行数对应，如第 1 行只有 1 个数，第 5 行就得有 5 个数；

（2）每行的第 1 个数和最后 1 个数是 1；

（3）每行除了第 1 个数和最后 1 个数之间的数为 $F(i,j)=F(i-1,j-1)+F(i-1,j)$。其中 i 和 j 分别为行数和列数

如 $F(4,2)=F(3,1)+F(3,2)$。

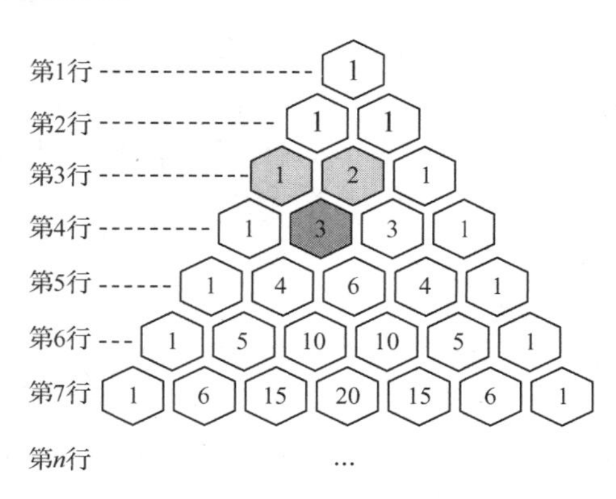

图 5.12 “杨辉三角”示意

行和列

（1）空间：二维空间；

（2）程序：二维数组。

知识学习：C 语言的二维数组

学习笔记

在很多实际问题中，数据的逻辑结构是二维或多维的，C 语言允许构造多维数组。多维数组元素有多个下标。

二维数组就是由行和列构成的一个二维的存储空间。

行 \ 列	0	1	2
0	0	0	0
1	0	0	0
2	0	0	0
3	0	0	0

说明：

（1）行和列构成一个存储空间；

（2）容量可以存放数据的空间个数，由行×列构成。

1．二维数组定义

数组必须先定义，再使用。

数组定义的语法：

```
dataType arrayName[num1][num2];
```

说明：

（1）dataType：表示数据类型；

（2）arrayName：表示数组名；

（3）num1 和 num2：表示数组的行下标和列下标。

如 int temp[3][4];

定义了一个 3 行 4 列的二维数组（或称矩阵），数组名为 temp，共有 12 个元素。

	0	1	2	3
0				
1				
2				

2．二维数组的初始化：

（1）按行分段赋值。

int arr[3][3] = {{1,2,3}, {4,5,6}, {7,8,9}};

初始化后如下所示。

1 2 3

4 5 6

7 8 9

（2）按行连续赋值。

int arr[3][3] = {1, 2, 3, 4, 5, 6, 7, 8, 9};

初始化后如下所示。

1 2 3

4 5 6

7 8 9

（3）可以只对部分元素赋初值，未赋初值的元素自动取 0 值。

int a[3][3] = {{1},{2},{3}};

初始化后如下所示：

1 0 0

2 0 0

3 0 0

（4）还可以这样：

int a[3][3] ;

a[0][0]=1;

初始化后如下所示：

1 0 0

0 0 0

0 0 0

3．二维数组的引用

二维数组的元素也称为双下标变量，其表示形式如下：

数组名[下标][下标]

如定义一个 int x[3][2]的数组，则 x 数组拥有 6 个元素，在程序中可以对其进行赋值和引用。

```
int main()
{
    int x[3][2];
    x[1][1]=0;
    x[2][1]=3;
    x[0][0]=x[1][1]+x[2][1];
    return 0;
}
```

学习活动 3　制定方案

实现本任务方案

● **实现思路**

（1）定义一个 10×10 的二维数组，形成一个方阵。

（2）采用二重循环利用“杨辉三角”的算法，计算出数据并存储到二维数组对应位置上。

① 每行数的个数与行数对应；

② 每行的第 1 个数和最后 1 个数是 1；

③ 每行除了第 1 个数和最后 1 个数之间的数为 F(i,j)=F(i-1,j-1)+F(i-1,j)。

其中 i 和 j 为行数和列数。

	0	1	2	3	4	5	6	7	8	9
0	1									
1	1	1								
2	1	2	1							
3	1	3	3	1						
4	1	4	6	4	1					
5	1	5	10	10	5	1				
6	1	6	15	20	15	6	1			
7	1	7	21	35	35	21	7	1		
8	1	8	28	56	70	56	28	8	1	
9	1	9	36	84	126	126	84	36	9	1

（3）按要求显示二维数组中的数据。

● **实现步骤**

（1）在 CodeBlocks 软件中创建一个新项目，项目名称为 yangHuiSJ；

（2）在 main()中按实现思路编写代码。

学习活动 4　**实施实现**

任务实现

● **实现代码**

（1）打开 CodeBlocks 软件，创建一个新的控制台项目，项目名称输入为 yangHuiSJ。

（2）打开项目中的 main.c 文件，进入编辑界面。

（3）在 main()按实现思路完成任务，其代码如下。

```
int main()
{
    //定义行数
    int n=10;
    int nums[n][n];

    int i, j; //循环变量
    // 计算“杨辉三角”
    for(i=0; i<n; i++)
    {
        //每行的第 1 个数为 1
        nums[i][0] = 1;
        //每行的最后 1 个数为 1
        nums[i][i] = 1;
        //计算每行除第 1 个数和最后 1 个数以外的数
        for(j=1; j<i; j++)
        {
            //等于上一行的前一列数+上一行的当前列的数之和
            nums[i][j] = nums[i-1][j-1] + nums[i-1][j];
        }
```

```
    }
    //显示输出
    for(i=0; i<n; i++)
    {
        for(j=0; j<n-i-1; j++)
        {
            printf("   ");   //3 个空格
        }
        for(j=0; j<=i; j++)
        {
            printf("%-5d ", nums[i][j]);
        }
        printf("\n");   //换行
    }
    return 0;
}
```

（4）运行程序。

学习活动 5　测试验收

任务测试验收单

● **实现效果**

利用二维数组实现了“杨辉三角”前 10 行数据的计算与显示。

按制定方案进行任务实现，在正确的情况下，任务实现的效果如图 5.13 所示。

```
                           1
                        1     1
                     1     2     1
                  1     3     3     1
               1     4     6     4     1
            1     5     10    10    5     1
         1     6     15    20    15    6     1
      1     7     21    35    35    21    7     1
   1     8     28    56    70    56    28    8     1
1     9     36    84    126   126   84    36    9     1
```

图 5.13　“杨辉三角”的运行效果

● **验收结果**

序　号	验 收 内 容	实 现 效 果				
		A	B	C	D	E
1	任务要求的功能实现情况					
2	使用代码的规范性（变量取名、注释说明）					
3	掌握知识的情况					
4	程序性能及健壮性					
5	团队协作					

说明：在实现效果对应等级中打“√”。

● 验收评价

验收签字--------------------------------

学习活动 6 总结拓展

任务总结与拓展

● 实现效果

利用二维数组实现了“杨辉三角”前 10 行数据的计算与显示。

● 技术层面

二维数组相关知识。

“杨辉三角”的计算方法。

● 课程思政

通过本任务的学习，希望同学们在日常的生活学习中能养成以下好习惯。

找规律：多思考、找出事物的规律。

重细节：细心做事，细节往往能够决定成败。

● 任务小结（请在此记录你在本任务中对所学知识的理解与实现本任务的感悟等）

是不是感觉到实现思路的重要性啦

下一回：进入模块 6 C 语言程序中的算法应用

（介绍一些常用的算法）

模块 6

C 语言程序中的算法应用

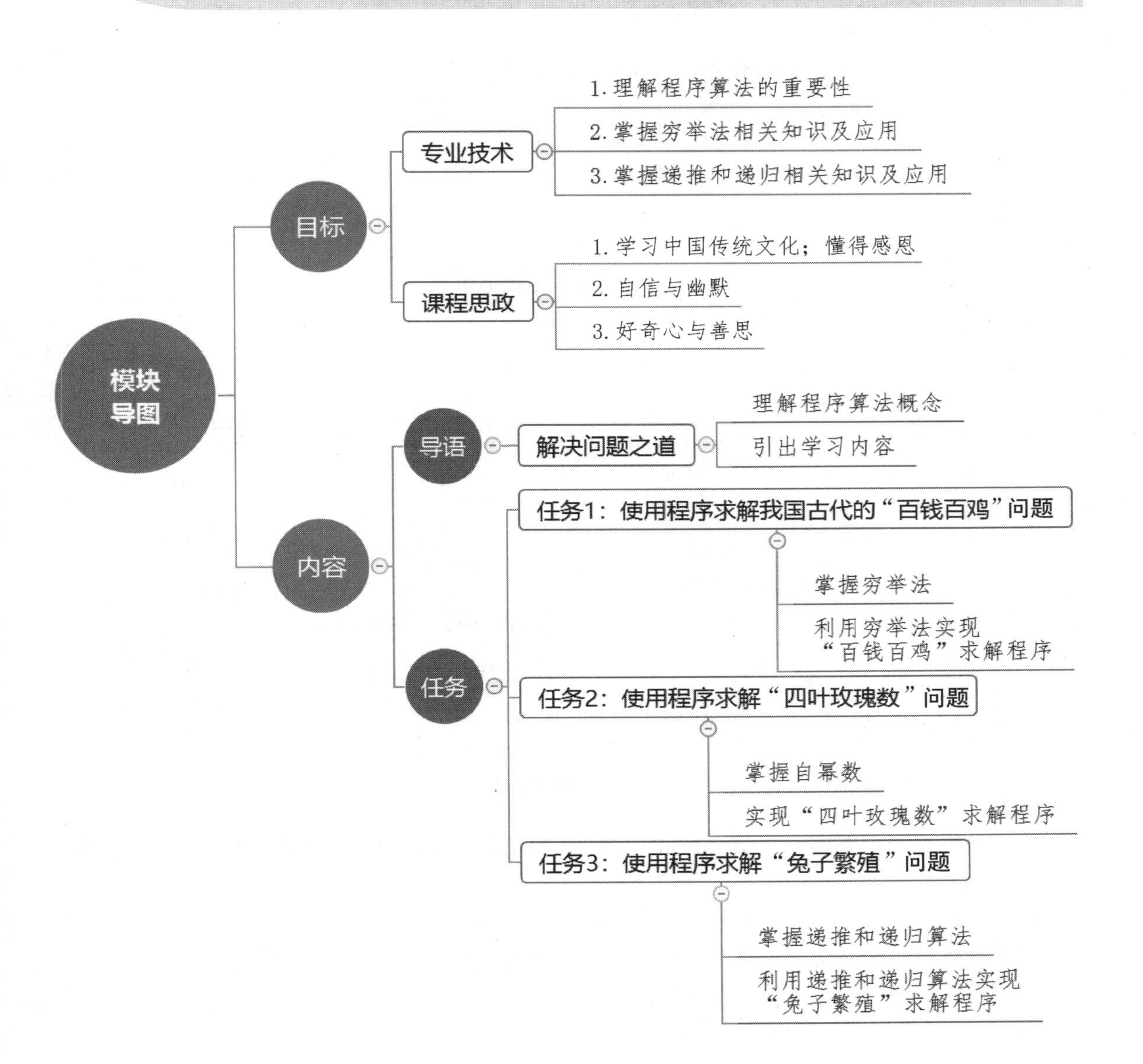

项目导语：解决问题之道

1. 解决问题之道

以计算机的角度去思考问题的解法之道，称为算法。

那么什么是算法呢？

简单地说，算法就是解决问题的方法和步骤。

那么什么是程序呢？

程序是为了解决特定问题的计算机语言有穷操作规则的有序集合。

程序=数据结构+算法

所以，算法就是使用程序去解决实际问题的方法与实现步骤。

2. 生活中的算法

日常的生活中我们也会遇到算法，如做菜的算法如下：

（1）把锅放在火上；

（2）放 2 两油，烧热，加少许盐、蒜和花椒爆香；

（3）将切好的肉片，煎炒到适当的时候放水；

（4）煮沸时，加入少量秘制的调味品；

（5）放少量酱油，拌匀，就可出锅了。

还有我们去办事时，会有具体的办事流程，这也是算法，等等。

3. 程序算法

如求 1+2+3+…+100 的程序，算法可以设计如下。

算法表达方式一：

设变量 X 表示加数，Y 表示被加数。

（1）将 1 赋值给 X；

（2）将 2 赋值给 Y；

（3）将 X 与 Y 相加，结果存放在 X 中；

（4）将 Y 加 1，结果存放在 Y 中；

（5）若 Y 小于或等于 100，就转到（3）继续执行；否则，算法结束，结果为 X。

算法表达方式二：

采用流程图的形式来设计算法，如图 6.1 所示。

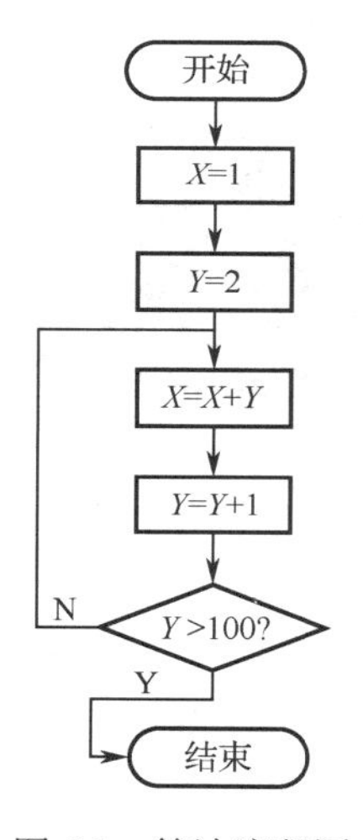

图 6.1　算法流程图

流程图

采用美国国家标准协会（American National Standard Institute，ANSI）规定的一组图形符号来表示算法。

流程图可以很方便地表示顺序、选择和循环的结构。

用流程图表示的算法不依赖于任何具体的计算机和计算机程序设计语言。

流程图使用的符号及说明如图 6.2 所示。

图 6.3 就是使用流程图设计的添加信息流程。

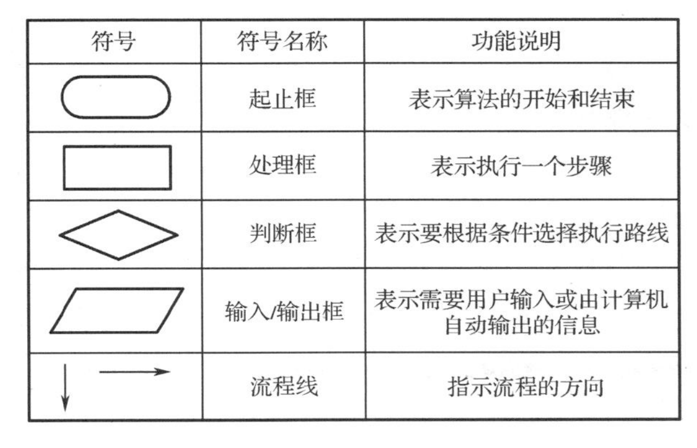

符号	符号名称	功能说明
	起止框	表示算法的开始和结束
	处理框	表示执行一个步骤
	判断框	表示要根据条件选择执行路线
	输入/输出框	表示需要用户输入或由计算机自动输出的信息
	流程线	指示流程的方向

图 6.2　流程图符号与功能

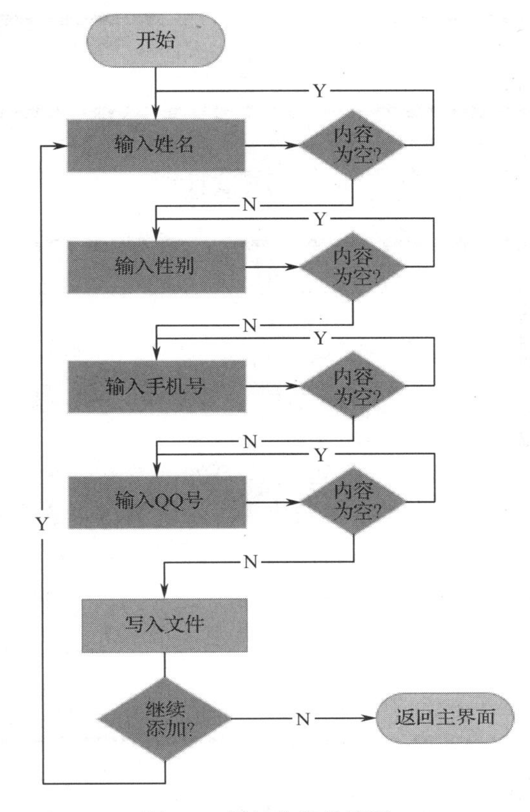

图 6.3　添加信息的流程

开启 C 语言程序中的算法应用

下面介绍算法基础的相关知识，本模块共设计以下 3 个任务。

任务 1：使用程序求解我国古代的“百钱百鸡”问题；

任务 2：使用程序求解“四叶玫瑰数”问题；

任务 3：使用程序求解“兔子繁殖”问题。

任务 1　使用程序求解我国古代的“百钱百鸡”问题

目标描述

任务描述
● **编写程序实现** 编写 C 语言程序，求解我国古代的“百钱百鸡”的问题。 ● **技术层面** 掌握穷举法。 ● **课程思政** 学习中国的传统文化。

家国情怀。
善思。

学习活动 1　接领任务

领任务单

- **任务确认**

编写 C 语言程序，实现“百钱百鸡”问题。
具体要求如下：
（1）程序最终能正确展示求解结果；
（2）掌握 C 语言代码的使用，（变量取名及注释说明）；
（3）程序能正确运行，并具有可扩展性。

- **确认签字**

学习活动 2　分析任务

编写 C 语言程序，实现“百钱百鸡”问题。

（1）认识“百钱百鸡”问题。

公元 5 世纪末，我国古代数学家张丘建在《算经》中，提出了这样的一个问题：

“鸡翁一，值钱五，鸡母一，值钱三，鸡雏三，值钱一。百钱买百鸡，问鸡翁、鸡母、鸡雏各几何？”

即公鸡 5 元/只，母鸡 3 元/只，小鸡 1 元/3 只。用 100 元买 100 只鸡，求公鸡、母鸡、小鸡各买几只？如图 6.4 所示。

图 6.4　“百钱百鸡”图意

知识学习：穷举法

	学习笔记
穷举法： （1）穷举法的基本思想是，根据题目的部分条件确定答案的大致范围； （2）并在此范围内对所有可能的情况逐一验证，直到全部情况验证完毕； （3）若某个情况验证符合题目的全部条件，则为本问题的一个解； （4）若全部情况验证后都不符合题目的全部条件，则本题无解。 **使用穷举法来解“百钱百鸡”问题：** 设：公鸡 a 只，母鸡 b 只，小鸡 c 只，根据问题可得出下面的约束方程： （1）a+b+c=100 （说明数量之和为 100 只） （2）5a+3b+c/3=100（说明花钱总和为 100 元） （3）c%3=0（说明小鸡的数量必须是 3 的倍数） **穷举范围：** 公鸡：0≤a≤100 母鸡：0≤b≤100 小鸡：0≤c≤100 **判断：** 在穷举范围中只要同时满足以上 3 个条件则为解，并输出结果。	

学习活动 3　制定方案

实现本任务方案

● **实现思路**

通过对本任务的分析及相关知识学习，制定方案如下：

（1）定义分别代表公鸡、母鸡、小鸡的变量 a，b，c；

（2）第一层 for 循环从 0～100 来穷举公鸡数；

（3）第二层 for 循环从 0～100 来穷举母鸡数；

（4）第三层 for 循环从 0～100 来穷举小鸡数；

（5）在第三层 for 循环中判断条件。

如果条件成立，则输出结果。

● **实现步骤**

（1）在 CodeBlocks 软件中创建一个新项目，项目名称为 bqbj。

（2）分别在项目的 main()中按实现思路编写代码。

学习活动 4　实施实现

任务实现

● 实现代码

（1）打开 CodeBlocks 软件，创建一个新的控制台项目，项目名称输入为 bqbj。

（2）打开项目中的 main.c 文件，进入编辑界面。

（3）在 main()中按实现思路完成任务，其代码如下：

```
int main()
{
  int a,b,c;                                //定义三种鸡
  int n=100;                                //定义鸡的总数和钱的总数
     for (a = 0;a <= n;a++)                 //枚举公鸡
     {
          for (b = 0;b <= n;b++)            //枚举母鸡
          {
               for (c = 0;c <= n;c++)       //枚举小鸡
               {
                    if((a + b + c == n) && (5*a+3*b+c/3==n)&& (c%3==0))
                         printf("公鸡:%d, 母鸡:%d,小鸡:%d\n",a,b,c);
               }
          }
     }
}
```

但这里发现有问题。

下面分析一下实现的代码：

（1）3 个循环 100 次的循环嵌套；

（2）循环次数（100×100×100=1 000 000），如图 6.5 所示。

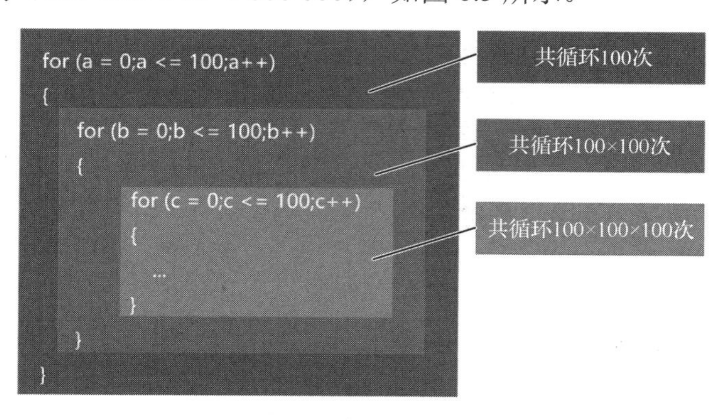

图 6.5　穷举法循环示意

也就是说，使用上面的程序需要 100 万次循环才能求得结果。

算法指标

空间复杂度

时间复杂度

有问题不可怕，我们来改进它。

分析：

公鸡5元/只，母鸡3元/只，小鸡1元/3只。用100元买100只鸡，求公鸡、母鸡、小鸡各买几只？

开启“小宇宙”

考虑到n元（n=100)只能买到n/5只公鸡或n/3只母鸡，而小鸡的数目又取决于公鸡和母鸡的只数，所以，

（1）只需2个循环嵌套（一个穷举公鸡，另一个穷举母鸡，然后，用总数-公鸡数-母鸡数=小鸡数）。

（2）外循环n/5次，内循环n/3次。

改进后只需要(100/5)×(100/3)=660次循环就可求得结果，优化了算法，其参考代码如下：

```
int main()
{
    int a,b,c;                    //定义3种鸡
    int n=100;                    //定义鸡的总数和钱的总数
    int i=n/5,j=n/3;              //公鸡和母鸡的最大可能数

    for (a = 0; a <= i; a++)      //枚举公鸡
    {
        for (b = 0; b <= j; b++)  //枚举母鸡
        {
            c=n-a-b;//小鸡
            if((a + b + c == n) && (5*a+3*b+c/3==n)&& (c%3==0))
                printf("公鸡:%d,母鸡:%d,小鸡:%d\n",a,b,c);
        }
    }
}
```

学习活动5 测试验收

任务测试验收单
● 实现效果 编写C语言程序，实现“百钱百鸡”问题。按制定方案进行任务实现，在正确的情况下，任务实现的效果如图6.6所示。

```
公鸡: 0,母鸡: 25,小鸡: 75
公鸡: 4,母鸡: 18,小鸡: 78
公鸡: 8,母鸡: 11,小鸡: 81
公鸡: 12,母鸡: 4,小鸡: 84

Process returned 101 (0x65)   execution time : 0.521 s
```

图 6.6 “百钱百鸡”的运行效果

● 验收结果

序 号	验 收 内 容	实 现 效 果				
		A	B	C	D	E
1	任务要求的功能实现情况					
2	开发环境安装与置换情况					
3	掌握知识的情况					
4	程序运行情况					
5	团队协作					

说明：在实现效果对应等级中打“√”。

● 验收评价

验收签字________________________

学习活动 6　总结拓展

任务总结与拓展

● 实现效果

利用穷举法的思路，求解了我国古代的“百钱百鸡”问题。

（1）传统求解；

（2）优化求解。

● 技术层面

分析问题找出对应的条件，利用之前所学知识进行实现。

● 课程思政

通过本任务的学习，实现了我国古代的“百钱百鸡”问题。同学们在不断加强练习的同时也要有更多的思考。

（1）学习中国的传统文化。

如原文“鸡翁一，值钱五，鸡母一，值钱三，鸡雏三，值钱一。百钱买百鸡，问鸡翁、鸡母、鸡雏各几何？”是典型的文言文写法，希望同学们能感受到我国古汉语的魅力。

（2）懂得感恩。

从文中对鸡翁、鸡母、鸡雏的描述，让我们联想到家、亲人的爱，正是这份爱成就了你的今天，所以大家要学会感恩，感谢家人给予的爱。

- **任务小结**（请在此记录你在本任务中对所学知识的理解与实现本任务的感悟等）

这次求“百钱百鸡”，下次做什么呢

你知道“四叶玫瑰数”吗

（自幂数的自恋）

任务2　使用程序求解“四叶玫瑰数”问题

目标描述

任务描述
● 编写程序实现 编写程序求解“四叶玫瑰数”问题。 ● 技术层面 掌握自幂数的定义。 掌握“四叶玫瑰数”的计算方法。 ● 课程思政 自信与幽默。

学习活动1　**接领任务**

领任务单
● 任务确认 编写C语言程序，求解“四叶玫瑰数”。 具体要求如下： （1）程序最终能正确展示求解结果； （2）掌握C语言代码的使用规范（变量取名及注释说明）；

（3）程序能正确运行，并具有可扩展性。

- 确认签字

学习活动 2　分析任务

编写 C 语言程序，求解“四叶玫瑰数”问题。

那么什么是“四叶玫瑰数”问题呢？

知识学习：自幂数

学习笔记

1. 自幂数

“四叶玫瑰数”是自幂数的一种。

自幂数指每个位数字的 *n* 次幂之和等于它本身。

例如：1^3 + 5^3+ 3^3 = 153。

那不同的自幂数有什么名称吗？

一位自幂数：独身数。

两位自幂数：没有。

三位自幂数：水仙花数。

四位自幂数：四叶玫瑰数。

五位自幂数：五角星数。

六位自幂数：六合数。

七位自幂数：北斗七星数。

八位自幂数：八仙数。

九位自幂数：九九重阳数。

十位自幂数：十全十美数。

例如：

四叶玫瑰数：$1634=1^4+6^4+3^4+4^4$；

水仙花数：$153=1^3+5^3+3^3$；

北斗七星数：$1741725=1^7+7^7+4^7+1^7+7^7+2^7+5^7$。

***n* 位数，就是 *n* 次幂**

2.“四叶玫瑰数”求解说明

“四叶玫瑰数”是一个 4 位数的整数，关键在于先把这个 4 位数的个位、十位、百位、千位取出来，再进行 4 次幂之和判断是不是等于本身？

获取四位数的个位、十位、百位、千位：

```
千位=数/1000;          //获取千位
百位=数/100%10;        //获取百位
```

十位=数/10%10;　　//获取十位 个位=数%10;　　//获取个位	

学习活动3 制定方案

实现本任务方案

● 实现思路

通过对本任务的分析及相关知识学习，制定方案如下：

（1）定义分别保存个位、十位、百位、千位的变量；

（2）使用 for 循环实现所有 4 位数的列举；

（3）获取 4 位数的个位、十位、百位、千位；

（4）对 4 次幂之和判断是不是等于本身，如果是则输出。

● 实现步骤

（1）在 CodeBlocks 软件中创建一个新项目，项目名称为 rose。

（2）在 main.c 文件中按实现思路编写代码。

学习活动4 实施实现

任务实现

● 实现代码

（1）打开 CodeBlocks 软件，创建一个新的控制台项目，项目名称输入为 rose。

（2）打开项目中的 main.c 文件，进入编辑界面。

（3）在 main()中按实现思路完成任务，参考代码如下。

```
int main()
{
    int i;                                  //循环变量
    int gewei,shiwei,baiwei,qianwei;        //用于记录个位、十位、百位、千位上的数
    int temp=0;                             //临时用于记录表达式的值

    printf("四叶玫瑰数有：\n");

    for(i=1000; i<=9999; i++)
    {
        qianwei=i/1000;                     //获取千位
        baiwei=i/100%10;                    //获取百位
        shiwei=i/10%10;                     //获取十位
        gewei=i%10;                         //获取个位
        //计算个位、十位、百位、千位数的 4 次方之和
        temp=gewei*gewei*gewei*gewei+shiwei*shiwei*shiwei*shiwei
            +baiwei*baiwei*baiwei*baiwei+qianwei*qianwei*qianwei*qianwei;

        if(i==temp)
```

```
            {
                printf("%d \t",i);
            }
        }
        return 0;
}
```

（4）运行程序。

学习活动 5 测试验收

任务测试验收单

● **实现效果**

编写 C 语言程序，实现对“四叶玫瑰数”这种自幂数的求解。

按制定的方案进行任务实现，在正确的情况下，任务实现的效果如图 6.7 所示。

```
四叶玫瑰数有:
1634    8208    9474    Press any key to continue
```

图 6.7 “四叶玫瑰数”任务的运行效果

● **验收结果**

序　号	验 收 内 容	实 现 效 果				
		A	B	C	D	E
1	任务要求的功能实现情况					
2	使用代码的规范性（变量取名、注释说明）					
3	掌握知识的情况					
4	程序性能及健壮性					
5	团队协作					

说明：在实现效果对应等级中打“√”。

● **验收评价**

验收签字--

学习活动 6 总结拓展

任务总结与拓展

● **实现效果**

实现对“四叶玫瑰数”这种自幂数的求解。

● 技术层面

对问题进行分析，设计出对应的求解算法。

● 课程思政

通过本任务实现的学习，同学们除了好好训练，还应该充满自信与幽默。

如“我现在的主要任务是好好学习，虽然我还没能力送你999朵玫瑰，但我可以用程序写出‘四叶玫瑰数’送你呀!”，哈哈。

这样既充分体现了自信的自己，也表现出了程序员的幽默。

● 教学拓展

同学们可以试着求解“北斗七星数”。

● 任务小结（请在此记录你在本任务中对所学知识的理解与实现本任务的感悟等）

求了“鸡”和“玫瑰”下次说说“兔子”

使用程序求解“兔子繁殖”问题

（引出斐波那契数列）

任务3 使用程序求解“兔子繁殖”问题

目标描述

任务描述
● 编写程序实现 求解“兔子繁殖”问题。 即求解一年后兔子繁殖了多少对? ● 技术层面 掌握递推算法的含义及应用。 掌握递归算法的含义及应用。 ● 课程思政 探索与思考。

学习活动1 接领任务

领任务单
● 任务确认 编写C语言程序，求解“兔子繁殖”问题，即求解1年后兔子繁殖了多少对？ 具体要求如下： （1）程序最终能正确展示求解结果； （2）掌握C语言代码的使用规范（变量取名及注释说明）； （3）程序能正确运行，并应具有可扩展性。 ● 确认签字 --

学习活动2 分析任务

编写C语言程序，求解1年后兔子繁殖了多少对的问题。

历史上有一个关于兔子繁殖的问题：

假设有一对兔子，两个月后它们就算长大成年了，

以后每个月都会生出1对兔子，

生下来的兔子也都是长两个月就算成年，然后每个月也都会生出1对兔子，

这里假设兔子不会死，每次都是只生1对兔子。

这样过了1年之后，会有多少对兔子呢？

推算一下：

第1个月，只有1对小兔子；

第2个月，小兔子还没长成年，还是只有1对兔子；

第3个月，兔子长成年了，同时生了1对小兔子，因此有两对兔子；

第4个月，成年兔子又生了1对兔子，加上自己及上个月生的小兔子，共有3对兔子；

第5个月，成年兔子又生了1对兔子，第3个月生的小兔子现在已长成年了，并且生了1对小兔子，加上本身两只成年兔子及上个月生的小兔子，共5对兔子；

……

过了1年之后，总共有144对兔子。

1、1、2、3、5、8、13、21、34、55、89、144

根据兔子繁殖引出的数列，就是大名鼎鼎的“斐波那契数列”。

斐波那契数列（Fibonacci Sequence），又称黄金分割数列，是由数学家莱昂纳多·斐波那契以兔子繁殖为例子而引入的，故又称为“兔子数列”。

它指的是这样一个数列：

1、1、2、3、5、8、13、21、34、55…

在数学上，斐波那契数列以递推的方法定义：

F(1)=1, F(2)=1, F(n)=F(n - 1)+F(n - 2) (n ≥ 3, n ∈ **N***)

现代在物理、准晶体结构、化学等领域，斐波那契数列都有应用。

知识学习：递推/递归算法

学习笔记

1．递推算法

递推算法是设计中最常用的重要方法之一，有时也称为迭代。

虽然对求解的问题不能归纳出简单的关系式，但在其前、后项之间能够找出某种普遍适用的关系。利用这种关系，便可从已知项的值递推出未知项的值。

递推算法的方向既可以由前向后，也可以由后向前。

广义地说，凡在某一算式的基础上从已知的值推出未知的值，都可以视为递推算法。

2．递归算法

递归算法是一个非常有趣且实用的设计方法。

递推算法：从已知递推出未知项的值。

递归算法：先从未知项的值递推出已知项的值，再从已知项的值推出未知项的值。

讲一个故事，来介绍递归算法的过程：

有一个家庭，夫妇俩生养了 6 个孩子，个个活泼、调皮、可爱。

有一天，家里来了一位客人，见了这一群孩子，难免喜爱和好奇。

遂问老大：“你今年多大了？”老大脑子一转，故意说：“我不告诉你，但我比老二大 2 岁。”

客人遂问老二：“你今年多大了？”老二见老大那样回答，也调皮地说：“我也不告诉你，我只知道比老三大 2 岁。”

……客人挨个问下去，孩子们的回答都一样。

轮到最小的老六时，他诚实地回答：“3 岁啦。”

于是，客人就知道老五的年龄了，再往回就推算出了老四、老三、老二和老大的年龄了。

庆幸的是老六说出了自己的年龄，不然客人就要尴尬了。

3．递归算法举例

递归算法是构造的一种基本方法，如果一个过程直接或间接地调用其自身，则称该过程是递归算法。

如在数学中求 n 的阶乘的递归函数：

$$n!=\begin{cases}1 & n=0\\ n(n-1)! & n>0\end{cases}$$

说明：

4！=1×2×3×4

5！=1×2×3×4×5=4！×5

使用递归算法实现求 10!的程序，其代码如下。

```
int main()
{
    //调用
    int reslut=fac(10);   //求 10!
    printf("10!=%d",reslut);
}

//实现递归的函数
int fac(int n)
{
    if(n==0)
    {
        return 1;
    }
    else
    {
        return n*fac(n-1);   //自己调用自己
    }
}
```

学习活动 3　制定方案

实现本任务方案

● **实现思路**

通过对本任务的分析及相关知识学习，制定方案如下：

（1）递推算法

从已知递推出未知的过程。

本任务实现求 1 年后共生多少对小兔子。

这是一个著名的“兔子数列”，即斐波那契数列。

那么这里的 1 年，其实就是 12 个月后，也就是第 12 个斐波那契数，如图 6.8 所示。

实现思路：

F(1)=1

F(2)=1

F(n)=F(n-1)+F(n-2)　　n>=3

使用递推算法设计如下：

F1=1（已知）

F2=1（已知）

Fi=Fi-1+Fi-2（未知）　i>=3

f1=1
f2=1
f3=f1+f2=2
f4=f2+f3=3
f5=f3+f4=5
f6=f4+f5=8
f7=f5+f6=13
f8=f6+f7=21
f9=f7+f8=34
f10=f8+f9=55
f11=f9+f10=89
f12=f10+f11=144

图 6.8　递推算法思路

（2）递归算法

从未知递推已知的过程。

那么这里的 1 年，其实就是 12 个月后，也就是第 12 个斐波那契数。

实现思路：

F(1)=1

F(2)=1

F(i)=F(i-1)+F(i-2)　　i>=3

- **实现步骤**

（1）在 CodeBlocks 软件中创建一个新项目，项目名称为 fib。

（2）在项目的 main.c 文件中按实现思路编写代码。

学习活动 4　实施实现

任务实现

- **实现代码**

（1）递推算法代码

通过已知的第 1 个月和第 2 个月都为 1 开始，从第 3 个月开始由前两个月的和相加推到未知的第 12 个月，求得最终结果。

```
int main()
{
    int m =12;              //一年 12 个月
    int f1,f2;              //前两月
    int sum=1;              //最终结果

    f1=1;
    f2=1;
    while(m>=3)
    {
        sum=f1+f2;
        f1=f2;
        f2=sum;
        m=m-1;
    }
    printf("一年共有 %d 对兔子",sum);
    return 0;
}
```

（2）递归算法代码

定义一个 fib2 函数实现求解兔子繁殖的过程。

首先在 main 函数中，调用 fib2(12)，也就是直接从要求解的值（未知）开始；然后在 fib2()中不断地递归调用自己，最终实现从未知开始递归到已知，程序结束，最终求得结果。

```
int main()
{
```

```
        int temp=1;
        temp=fib2(12);      //一年 12 个月
        printf("一年后 有 %d 对兔子",temp);
        return 0;

    }

    //递归算法实现
    int fib2(int n)
    {
        if(n>=3)
        {
            return fib2(n-1)+fib2(n-2);
        }
        else
        {
            return 1;
        }
    }
```

学习活动 5 测试验收

任务测试验收单

- **实现效果**

利用“递推算法”“递归算法”来求解 1 年后兔子繁殖多少对的问题。

按制定方案进行任务实现，在正确的情况下，任务实现的效果如图 6.9 所示（以递归算法为例）。

```
一年后 有 144 对兔子Press any key to continue
```

图 6.9 兔子繁殖任务的运行效果

- **验收结果**

序 号	验 收 内 容	实 现 效 果				
		A	B	C	D	E
1	任务要求的功能实现情况					
2	使用代码的规范性（变量取名、注释说明）					
3	掌握知识的情况					
4	程序性能及健壮性					
5	团队协作					

说明：在实现效果对应等级中打“√”。

● 验收评价

验收签字

学习活动 6　总结拓展

任务总结与拓展

● 实现效果

利用“递推算法”“递归算法”来求解 1 年后兔子繁殖多少对的问题。

● 技术层面

“递推算法”和“递归算法”。

● 课程思政

通过本任务的学习，同学们掌握了“斐波那契数列”求解的相关知识，以及递推算法和递归算法的含义及应用。

同时，希望同学们养成透过表面发现本质的习惯，努力把自己培养成一个有好奇心，并勤于思考的人。

● 任务小结（请在此记录你在本任务中对所学知识的理解与实现本任务的感悟等）

什么是函数呢

下一回：模块 7　C 语言程序中的函数及结构体应用

（开启函数和结构体）

模块 7

C 语言程序中的函数及结构体应用

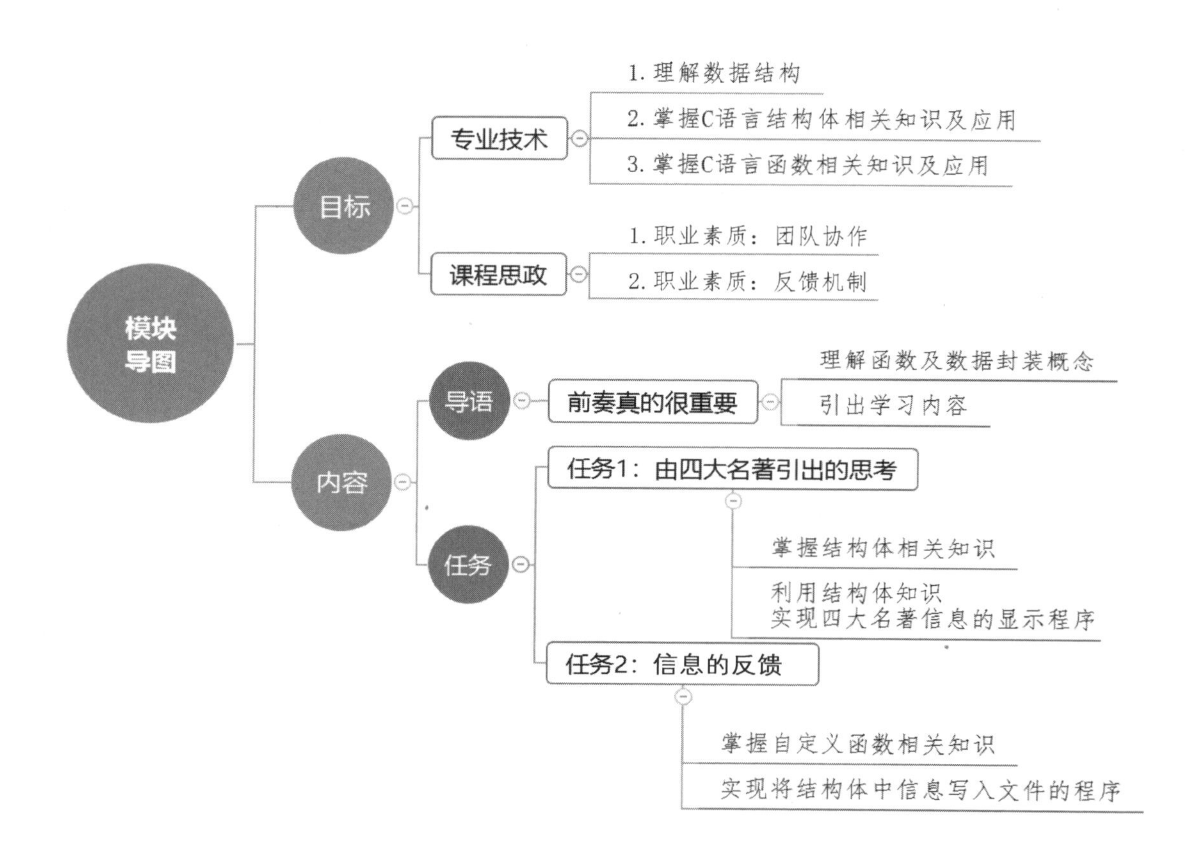

项目导语：前奏真的很重要

1. 生活中的前奏

在日常生活中，我们经常会提到“前奏”的问题，如购买新房一样，先要按具体功能对其划分出相应的空间，然后做好规划与设计，待装修好就可以入住了，如图 7.1 所示。

入住新房的前奏

以功能进行规划与设计

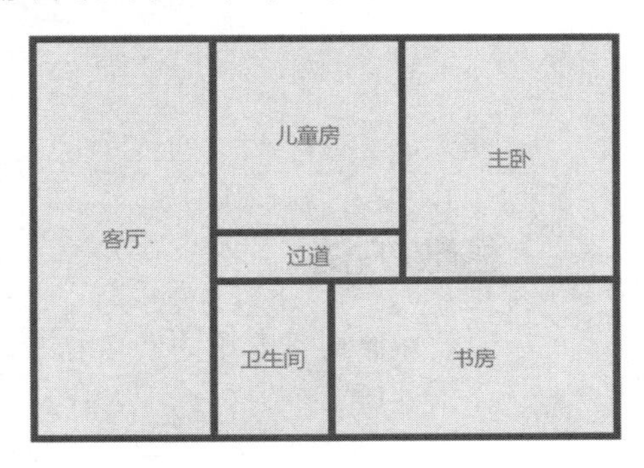

图 7.1 房屋功能的划分

新房装修好后，还要找一些收纳包，将我们的物品打好包进行搬运。到达新家后，我们就可以从包中把物品取出，实现安全可靠地搬运，如图 7.2 所示。

好高兴，搬家了

到新家后，从包中把物品拿出来

图 7.2 打包示意

2. 程序中的前奏

（1）函数

在程序中，如果将软件的所有程序代码都写在一个 main()中，大家想象一下，这样是不是就如同没有按功能进行划分的房屋。

所以，为了让程序更有层次感与可读性，在 C 语言程序中提供了函数。

函数就是把程序以功能为单位，划分成若干个功能块，方便程序之间的调用，如图 7.3 所示。以功能为单位划分为 3 个函数，可在主函数 main 中进行调用。

在后续的面向对象的程序开发语言中，函数被称为方法，所以这个前奏的学习非常重要。

（2）结构体

C 语言中的结构体实现对不同数据的表示与存储，相当于搬家过程中的打开包→装东西→封好包，如图 7.3 所示。

如定义一个 friendmodle 的结构体，它可以同时存放一个人的姓名、性别、电话、QQ 号、年龄等数据，如图 7.4 所示。

函数/方法

函数在面向对象中的新名称叫方法。

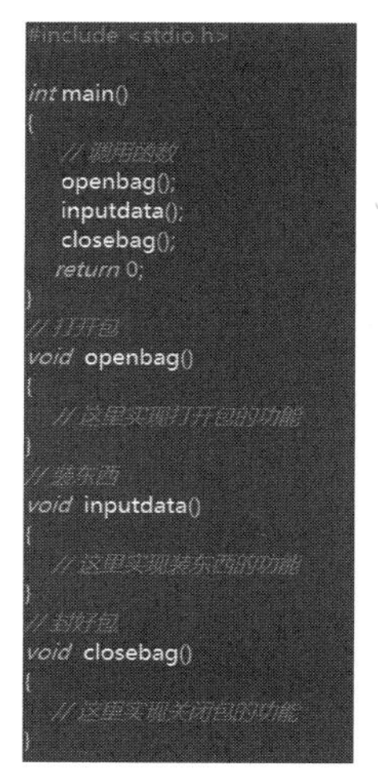

图 7.3　函数功能划分

结构体/封装

结构体是面向对象中封装的前奏。

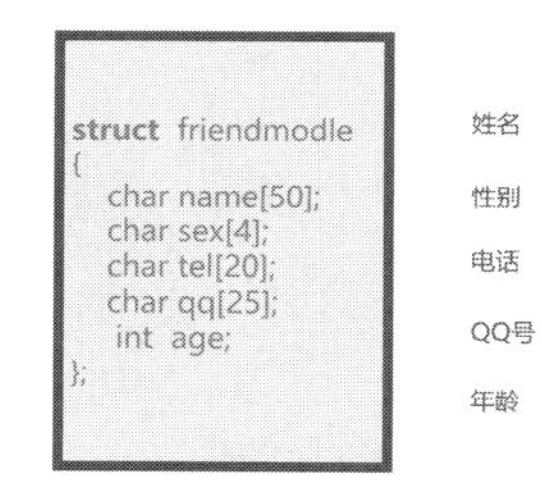

图 7.4　程序结构体

来吧，正式开启程序的“前奏”

为了具体介绍结构体和函数的知识，本模块共设计以下两个任务。

任务 1：由四大名著引出的思考；

任务 2：信息的反馈。

任务 1　由四大名著引出的思考

目标描述

任务描述
● 编写程序实现 展示我国四大名著的信息，包含（本任务）：书名、作者、单价。

● 技术层面

掌握结构体的含义及应用。

● 课程思政

职业素质：团队协作。

学习活动1　接领任务

领任务单

● 任务确认

编写C语言程序，实现展示我国四大名著的信息。

具体要求如下：

（1）程序最终能正确展示书本的信息（书名、作者、单价）；

（2）掌握C语言代码的使用规范（变量取名及注释说明）；

（3）程序能正确运行，并具有可扩展性。

● 确认签字

学习活动2　分析任务

编写C语言程序，实现展示我国四大名著（见图7.5）的信息。

每本书包含如下3个信息（本任务），例如，

书名	作者	定价
《红楼梦》	曹雪芹	38.6元
《三国演义》	罗贯中	54.3元
《水浒传》	施耐庵	33.6元
《西游记》	吴承恩	49.4元

使一本书中包含三个不同类型的数据

分析：

（1）我国四大名著的信息。

结论：4本书的信息=>数据集合。

（2）每本书包含的信息。

书名　　作者　　定价

↓　　　↓　　　↓

字符型　字符型　浮点型

如何实现这个数据的集合，并保存数据。

图7.5　四大名著

利用数组能实现吗

这里使用数组实现不了。

因为，数组只能实现同一数据类型的数据集合。

那怎么办呢？

使用结构体可以实现。

知识学习：C 语言的结构体

学习笔记

知识回顾：

整型：表示一个整数；

浮点型：表示一个小数；

字符型：表示一个字符；

数组：存储一组具有相同类型的数据集合。

遇到的问题：

在解决实际问题时，我们需要将以上不同数据类型结合起来，共同表示某一个对象的信息。

如表示一个学生的信息：学号（字符型）、姓名（字符型）、年龄（整型）等；

表示一本书籍的信息：书名（字符型）、作者（字符型）、定价（浮点型）等；

这种情况，我们就需要一个新的数据类型，它能实现使用不同类型共同表示一个对象整体信息，这就是结构体。

结构体特点：

结构体可以实现将不同数据类型构成一个整体来表示现实中某一个对象的信息，如表示一个学生的信息等。

C 语言使用结构体变量进一步加强了表示数据的能力。

```
struct friendmodle
{
    char name[50];
    char sex[4];
    char tel[20];
    char qq[25];
     int age;
};
```

姓名
性别
电话
QQ号
年龄

1. 结构体的定义

结构体只有先定义好，才可使用。

结构体定义的语法：

```
struct 结构体名
```

```
{
    成员变量;
};
```

说明：

（1）结构体使用 struct 定义；

（2）结构体名遵循变量定义规则；

（3）{}中定义可表示对象的信息。

2．结构体定义举例

```
//定义书本信息结构体
struct book
{
    char title[50];        //书名，一个字符串
    char author[50];       //作者，一个字符串
    float value;           //定价，一个浮点数
};
```

说明：

（1）定义了一个叫 book 的结构体。

（2）book 结构体包含三个成员：title、author、value，分别表示书名、作者、定价信息。

3．结构体的使用

定义好结构体后，相当于创建了一种新的数据类型，就可以像 int 之类的数据类型一样，创建结构体变量，从而实现对结构体的应用。

struct book book1;　　//定义一个 book 结构体变量 book1

定义好结构体变量后，就可以通过结构体变量访问成员了，如

book1.value=65.7;

4．结构体数组的使用

定义好结构体后，相当于创建了一种新的数据类型，也可以结构体来定义一个结构体数组。

结构体数组的定义：

```
struct 结构体名 数组名[大小];
```

说明：

（1）结构体数组的定义和传统的数组定义完全一样；

（2）只是在定义结构体数组时，必须加上 struct。

5．结构体数组举例

如以定义好的 book 结构体为例，来定义结构体数组，如

struct book bookList[4];

//可以存放 4 本书的结构体数组

struct book bookList[300];

//可以存放 300 本书的结构体数组

定义好结构体数组就可以通过数组元素来访问结构体的成员了，如

strcpy(**bookList[2].title**,"水浒传");

strcpy(**bookList[2].author**,"施耐庵");

bookList[2].value=33.6;

这里的 strcpy 是个函数。

这个函数的功能就是字符串赋值函数，也就是将“水浒传”这个字符串，赋值给 bookList[2].title 成员。

学习活动 3　制定方案

实现本任务方案

- **实现思路**

通过对本任务的分析及相关知识学习，制定方案如下：

方法一：采用结构体变量实现

（1）定义一个结构体，包含书名、作者和定价；

（2）在程序中定义结构体变量；

（3）分别给结构体变量成员赋上书本的 3 个信息值；

（4）显示输出结构体变量值，以实现本任务要求。

方法二：采用结构体数组实现

（1）定义一个结构体，包含书名、作者和定价；

（2）在程序中定义结构体数组；

（3）给结构体数组成员赋上书本的 3 个信息值；

（4）循环显示输出结构体数组元素的值，以实现本任务要求。

- **实现步骤**

（1）在 CodeBlocks 软件中创建一个新项目，项目名称为 showbookinfo。

（2）分别在项目的 main()中按实现思路编写代码。

学习活动 4　实施实现

任务实现

- **实现代码**

采用两种方式实现任务。

方法一：使用结构体变量方式实现参考代码。

```
//定义书本信息结构体
struct book
{
    char title[50];          //书名，一个字符串
    char author[50];         //作者，一个字符串
    float value;             //定价，一个浮点数
};
```

```
int main()
{
     //定义 4 个结构体变量
    struct book book1,book2,book3,book4;
    //对结构体变量赋值
    //第 1 本书的信息
    strcpy(book1.title,"红楼梦");
    strcpy(book1.author,"曹雪芹");
    book1.value=38.6;
    //第 2 本书的信息
    strcpy(book2.title,"三国演义");
    strcpy(book2.author,"罗贯中");
    book2.value=54.3;
    //第 3 本书的信息
    strcpy(book3.title,"水浒传");
    strcpy(book3.author,"施耐庵");
    book3.value=33.6;
    //第 4 本书的信息
    strcpy(book4.title,"西游记");
    strcpy(book4.author,"吴承恩");
    book4.value=49.4;
    //显示输出
    printf("中国四大名著信息列表\n");
    printf("书名:%s\t 作者:%s\t 定价:%.1f\n",book1.title, book1.author, book1.value);
    printf("书名:%s\t 作者:%s\t 定价:%.1f\n",book2.title, book2.author, book2.value);
    printf("书名:%s\t 作者:%s\t 定价:%.1f\n",book3.title, book3.author, book3.value);
    printf("书名:%s\t 作者:%s\t 定价:%.1f\n",book4.title, book4.author, book4.value);

}
```

说明：

（1）定义了一个结构体 book，包含书本的 3 个信息成员；

（2）在 main()中定义了 4 个 book 结构体变量；

（3）分别给这 4 个结构体变量赋上四大名著的信息；

（4）显示 4 个结构体变量的成员值，从而实现本任务要求。

但如果不止 4 本书，该怎么办？

可以使用结构体数组实现。

方法二：使用结构体数组方式实现参考代码。

```
//定义书本信息结构体
struct book
{
    char title[50];             //书名，一个字符串
    char author[50];            //作者，一个字符串
    float value;                //定价，一个浮点数
};

int main()
```

```
{
    //定义 1 个结构体数组
    struct book bookList[4];

    //数组赋值
    strcpy(bookList[0].title,"红楼梦");
    strcpy(bookList[0].author,"曹雪芹");
    bookList[0].value=38.6;

    strcpy(bookList[1].title,"三国演义");
    strcpy(bookList[1].author,"罗贯中");
    bookList[1].value=54.3;

    strcpy(bookList[2].title,"水浒传");
    strcpy(bookList[2].author,"施耐庵");
    bookList[2].value=33.6;

    strcpy(bookList[3].title,"西游记");
    strcpy(bookList[3].author,"吴承恩");
    bookList[3].value=49.4;

    //显示输出
    printf("中国四大名著信息列表\n");

    int i;
    for(i=0; i<4; i++)
    {
        printf("第%d 本书本信息,书名:%s\t 作者:%s\t 定价:%.1f\n",
                i+1, bookList[i].title,bookList[i].author,bookList[i].value);
    }
}
```

学习活动 5　测试验收

任务测试验收单

● 实现效果

编写 C 语言程序，使用两种方法实现展示我国四大名著的信息，包括（本任务）书名、作者、定价。

按制定的方案进行任务实现，在正确的情况下，方法一实现的效果如图 7.6 所示。

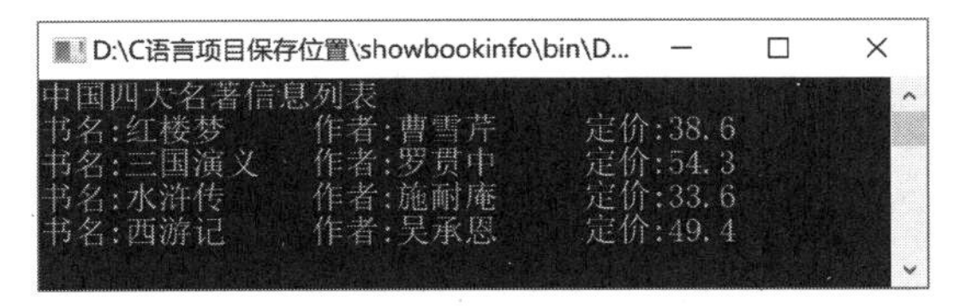

图 7.6　方法一的运行效果

方法二实现的效果如图 7.7 所示。

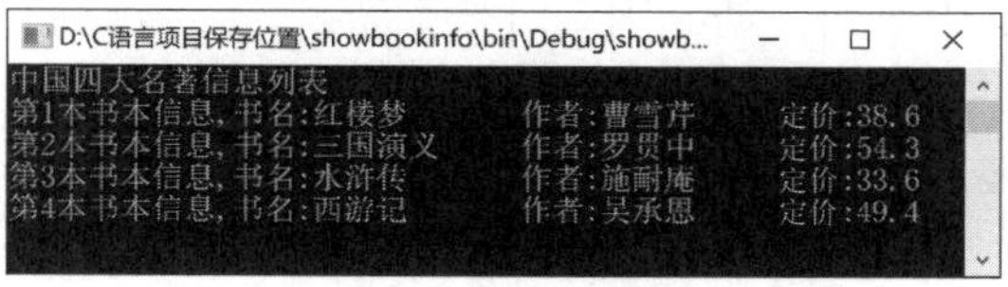

```
D:\C语言项目保存位置\showbookinfo\bin\Debug\showb...
中国四大名著信息列表
第1本书本信息,书名:红楼梦          作者:曹雪芹        定价:38.6
第2本书本信息,书名:三国演义        作者:罗贯中        定价:54.3
第3本书本信息,书名:水浒传          作者:施耐庵        定价:33.6
第4本书本信息,书名:西游记          作者:吴承恩        定价:49.4
```

图 7.7　方法二的运行效果

- **验收结果**

序　　号	验 收 内 容	实 现 效 果				
		A	B	C	D	E
1	任务要求的功能实现情况					
2	开发环境安装与置换情况					
3	掌握知识的情况					
4	程序运行情况					
5	团队协作					

说明：在实现效果对应等级中打“√”。

- **验收评价**

验收签字____

学习活动 6　总结拓展

任务总结与拓展

- **实现效果**

编写 C 语言程序，展示我国四大名著的信息，包含（本任务）书名、作者、定价。

- **技术层面**

结构体的定义、结构体变量的应用、结构体数组的应用。

- **课程思政**

通过本任务的学习，同学们掌握了 C 语言结构体的相关知识，同时也希望同学们能有更多的思考。例如，

从《西游记》中领会到团队协作的重要性；

从《水浒传》中领会到英雄本色，在未来的职业江湖中始终有一把“交椅”是属于你的，这把“交椅”的质量如何，那就得看你的努力程度了。

从《三国演义》中领会到用人之道，想要取得成功，就要学会用人、管人、能留住人。

从《红楼梦》中学到认识自我，做一个自律、自省、自知、自强的人。
只有这样才能做到心中有数，遇到困难时披荆斩棘，做自己的主人。

● **教学拓展**

同学们掌握了结构体的应用，试着对本任务进行优化，完成书本的详细信息显示。
书本信息包括书名、作者、出版社、ISBN、定价。

● **任务小结**（请在此记录你在本任务中对所学知识的理解与实现本任务的感悟等）

讲讲“函数”这个前奏

下一回：信息的反馈

（自定义函数）

任务2　信息的反馈

目标描述

任务描述
● 编写程序实现 编写程序将结构体中的数据保存到文件中，并对操作进行反馈（保存结果是成功或失败）。 ● 技术层面 掌握函数的定义与应用。 掌握函数的返回、传参和调用。 ● 课程思政 培养职业素质，形成反馈机制。

学习活动 1　接领任务

<table>
<tr><th>领任务单</th></tr>
<tr><td>● 任务确认
编写 C 语言程序，使用其自定函数的方式，实现将结构体中的数据保存到文件中，并反馈保存结果（成功或失败）。
具体要求如下：
（1）程序能正确将结构体中的数据写到文件中；
（2）写数据到文件的功能，单独以自定义函数实现；
（3）写数据成功与否要有良好的反馈信息；
（4）掌握 C 语言代码的使用规范（变量取名及注释说明）；
（5）程序能正确运行，并具有可扩展性。
● 确认签字</td></tr>
</table>

学习活动 2　分析任务

使用 C 语言自定函数的方式，实现将结构体中的数据保存到文件中，并反馈保存的结果。要完成本任务，首先要了解函数及自定义函数的含义。

知识学习：C 语言的函数

学习笔记

每个 C 语言程序都至少有一个函数，即主函数 main，代表程序的入口。函数有很多称呼，如方法、子程序等。

函数可分为两类。

（1）内置函数

标准库提供了大量的程序可以调用的函数，如：

strcat()用来连接两个字符串；

strcpy()用来给字符串赋值。

（2）自定义函数

用户自己编写，用于实现某个特定功能的程序。

1．函数的定义

```
return_type function_name( parameter list )
{
    body of the function
    return 数据
}
```

说明：

（1）return_type：代表函数运行后返回的数据类型。

有数据返回：代表函数执行完后，返回来的数据是什么类型，即调用方使用对应的数据类型来接收。

无数据返回：函数执行完后，没有数据返回，这里使用特定关键字 void 表示。

（2）function_name：代表函数的名称。

通过函数的名称可进行访问与执行。

函数必须有名称，需要遵循变量名取名的规则。

同一程序中不能有同名的函数名，不能使用 C 语言的特定关键字作为函数名。

（3）parameter list：代表函数的参数。

它是向函数内部输入数据的接口。

参数是有数据类型的，调用函数时，一定注意数据类型、参数顺序、参数数量要一一对应）。

函数可以没有参数，也就是运行该函数时，不需要向函数输入数据。

（4）body of the function：代表函数主体。

它是函数具体完成什么功能的程序代码。

（5）return 数据：代表函数返回数据。

如果这个函数不使用 void 表示，则执行完了，必须返回数据，使用 return 语句则返回数据。

如果这个函数使用 void 表示，说明不用返回数据，则函数中不需要使用 return 语句。

2．函数定义举例

```
/* 函数返回两个数中较大的那个数 */
int max(int num1, int num2)
{
    /* 局部变量声明 */
    int result;
    if (num1 > num2)
    {
        result = num1;
    }
    else
    {
        result = num2;
    }
    //返回结果
    return result;
}
```

说明：

（1）函数名：max。

（2）参数：2 个整型数据。

（3）返回结果是一个整型值。

```
/* 产生一个 100 以内的随机数 */
int  getSomeData( )
{
    int result =0;
    //获取一个随机数种子
    srand((unsigned) time(NULL));
    //用 rand()产生 100 以内随机数
    result = rand()%100;
    //返回
    return result;
}
```

说明：

（1）函数名：getSomeData。

（2）参数：无。

（3）返回结果是一个整型值。

```
/* 显示菜单 */
void showmenu( )
{
     printf("菜单选择：\n");
     printf("1. 添加数据\n");
     printf("2. 修改数据\n");
     printf("3. 删除数据\n");
     printf("0. 退出系统\n");
 }
```

说明：

（1）函数名：**showmenu**。

（2）参数：无。

（3）返回结果：无。

3．函数的调用

函数定义好后，只有调用时，函数才会被执行。

根据函数的定义进行调用，代码如下：

```
/* 函数返回两个数中较大的那个数 */
int max(int num1, int num2)
{
    /* 局部变量声明 */
    int result;
    if (num1 > num2)
    {
        result = num1;
    }
    else
    {
```

```
            result = num2;
        }
        //返回结果
        return result;
    }
    //主函数中调用自定义的函数
    int main ()
    {
        int a = 100;
        int b = 200;
        //调用函数
        int ret = max(a, b);
        printf( "较大的数是 %d\n", ret );
        return 0;
    }
```

说明：

（1）自定义函数 int max(int num1, int num2)，调用时要求传入两个整型数据，函数运行后要返回一个整型的数据。

（2）在主函数 main 中调用 int ret = max(a, b)。

先定义 a 和 b 两个变量，并赋值，然后调用 max 自定义函数，将返回结果保存到 ret 变量中。

（3）将 100 和 200 两个整数传入 max()中，并计算出最大值返回，也就是比较两个数中的最大数。

```
        //调用函数
        showmenu( );
        int num1= getSomeData( );

        printf( "随机数为: %d\n", num1);

        return 0;
    }
```

说明：

（1）实现了两个自定义函数，即 showmenu 和 getSomeData。

（2）在主函数 main 中进行调用。

其中，showmenu()没有参数和返回，所以直接调用；

getSomeData()没有参数，但有返回，所以调用时用 num1 变量来接收返回的整型数据。

特别说明：

函数调用时“()”不能少。

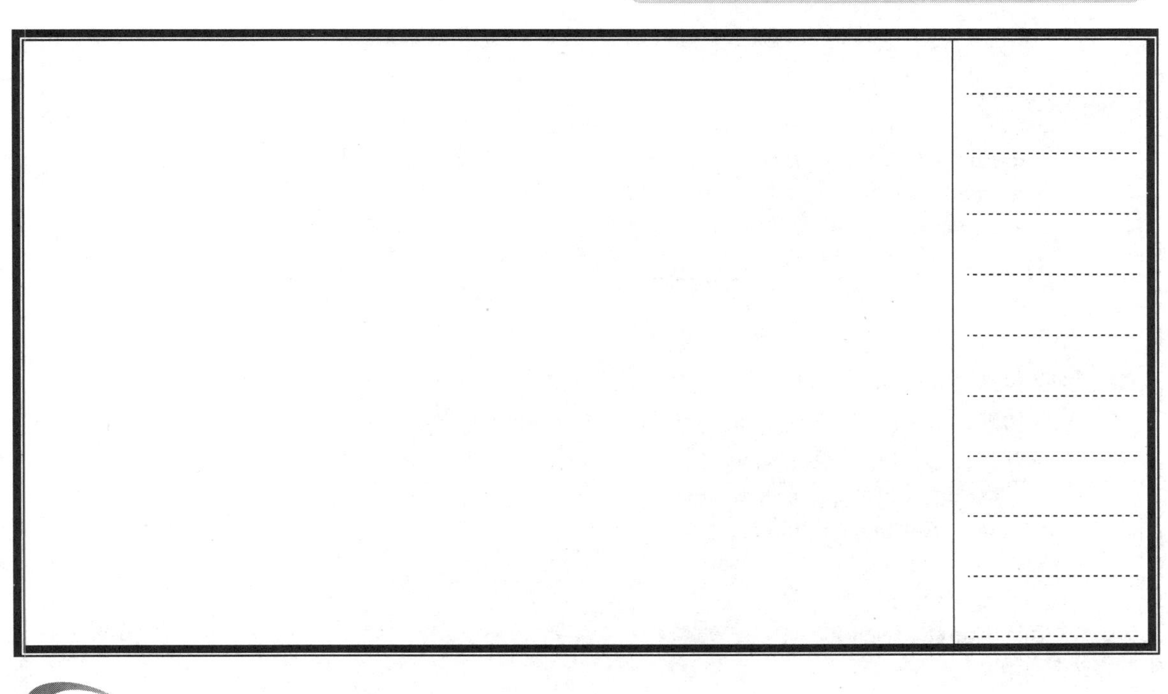

学习活动 3　制定方案

实现本任务方案

● 实现思路

通过对本任务的分析及相关知识学习，制定方案如下：

（1）定义一个描述书本信息的结构体；

（2）在 main()之前（上方）创建一个新的函数 saveData()。

接收参数为书本信息结构体。

函数功能：将接收参数传进来的结构体中的书本信息保存到文件中。

函数返回：返回一个整型数据（1 为成功，0 为失败）。

（3）在 main()中实现对书本结构体数据的赋值，并调用 saveData()完成本任务。

● 实现步骤

（1）在 CodeBlocks 软件中创建一个新项目，项目名称为 FunDemo。

（2）在 main.c 文件中按实现思路编写代码。

学习活动 4　实施实现

任务实现

● 实现代码

（1）打开 CodeBlocks 软件，创建一个新的控制台项目，项目名称输入为 FunDemo。

（2）打开项目中的 main.c 文件，进入编辑界面。

（3）在 main()之前创建描述书本信息的结构体代码，其代码如下。

```
//定义书本信息结构体
struct book
{
    char title[50];          //书名，一个字符串
    char author[50];         //作者，一个字符串
    float value;             //定价，一个浮点数
};
```

（4）编写 saveData()。

在定义好的结构体下方创建该函数。

接收参数为书本信息结构体；

函数功能：将接收参数传进来的结构体中的书本信息保存到文件中；

函数返回：返回一个整型数据（1 为成功，0 为失败），参考代码如下：

```
/*  将结构体的数据保存到文件中  */
int  saveData(struct book Datas)
{
    int jieguo=1;
    FILE *fp=fopen("test.txt","a");
    if(!fp)
    {
        jieguo=0;
    }
    fprintf(fp,"%s %s %f \n",Datas.title, Datas.author, Datas.value);
    fclose(fp);
    // 函数返回
    return jieguo;
}
```

（5）编写 main()，实现调用。

在完成以上操作后，编写 main()中的代码，实现对自定义函数 saveData()的调用，以完成本任务。

```
//调用函数
int main()
{
    //定义1个结构体变量
    struct book book1 ;
    strcpy(book1.title,"红楼梦");
    strcpy(book1.author,"曹雪芹");
    book1.value=38.6;
    // 调用函数
    int  test=saveData(book1);
    //判断显示结果
    if(test==1)
    {
        printf("保存成功！ ");
    }
    else
```

```
        {
            printf("保存失败！");
        }
}
```

实现本任务后的完整代码如下。

```
//定义书本信息结构体
struct  book
{
    char title[50];            //书名，一个字符串
    char author[50];           //作者，一个字符串
    float value;               //定价，一个浮点数
};
/*  将结构体的数据保存到文件中  */
int  saveData(struct book Datas)
{
    int jieguo=1;
    FILE *fp=fopen("test.txt","a");
    if(!fp)
    {
        jieguo=0;
    }
    fprintf(fp,"%s %s %f \n",Datas.title, Datas.author, Datas.value);
    fclose(fp);
    // 函数返回
    return jieguo;
}

//调用函数
int main()
{
    //定义 1 个结构体变量
    struct book book1 ;
    strcpy(book1.title,"红楼梦");
    strcpy(book1.author,"曹雪芹");
    book1.value=38.6;
    // 调用函数
    int  test=saveData(book1);
    //判断显示结果
    if(test==1)
    {
        printf("保存成功！");
    }
    else
    {
        printf("保存失败！");
    }
}
```

学习活动 5　测试验收

任务测试验收单

● **实现效果**

编写 C 语言程序，先将书本信息保存到结构体变量中，然后作为参数传入写文件函数，从而实现将书本的信息保存到文件中。

按制定方案进行任务实现，在正确的情况下，实现的效果如图 7.8 所示。

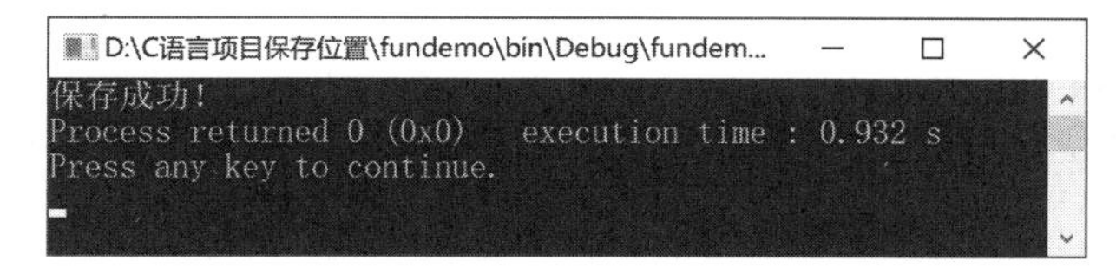

图 7.8　任务运行的效果

文件中写入数据的效果如图 7.9 所示。

图 7.9　数据写入文件的效果

● **验收结果**

序　　号	验 收 内 容	实 现 效 果				
		A	B	C	D	E
1	任务要求的功能实现情况					
2	使用代码的规范性（变量取名、注释说明）					
3	掌握知识的情况					
4	程序性能及健壮性					
5	团队协作					

说明：在实现效果对应等级中打“√”。

● **验收评价**

验收签字 --

学习活动 6　总结拓展

任务总结与拓展

● **实现效果**

将书本信息保存到结构体变量中，并作为参数传入写文件函数，从而实现将书本的信息保存到文件中。

写文件的过程是单独以一个函数实现的，该函数写完数据后，给出反馈，保存其结果（成功或失败）。

● **技术层面**

函数的定义与应用、函数的返回、传参和调用。

● **课程思政**

通过本任务的学习，同学们应掌握自定义函数的定义、返回、传参、调用等知识，并要进行加强练习。了解函数运行完有返回值的情况。

日常生活中，尤其是在未来的职场中，反馈机制将是一项非常重要的职业素质。恰当的信息反馈，在人际沟通的双向互动中发挥着十分重要的作用。

例如，领导或同事给你安排一件事务时，你是能做，还是不能做？或者完成事务的时间等，都必须及时进行反馈。如果给你安排的事务，根本完成不了，而又不反馈，那结果将会非常严重。

所以，同学们在好好理解函数的同时，也要使自己成为一个具有良好职业素质的人。

● **教学拓展**

同学们详细掌握了函数的应用，试着对之前实现的程序进行优化调整。

（1）改造“打怪”游戏的程序。

模块 4 中实现的“打怪”游戏程序，当时怪物的生命值是固定的 10000，现在编写一个自定义函数，随机产生一个 10000～100000 的数，让生命值调用这个函数，使怪物的生命值变得更加神秘。

（2）改造 BMI 程序。

之前的 BMI 程序所有代码都是在 main()中编写完成的，现在学了自定义函数后，将 BMI 区间判断单独编写一个自定义函数，将显示结论与建议也单独编写函数，并进行调用。

这样就可以让程序代码变得更加“模块化”了。

● **任务小结**（请在此记录你在本任务中对所学知识的理解与实现本任务的感悟等）

没事，函数搞明白就行

老师，上面写文件的代码没怎么搞明白哦

下一回：模块 8　C 语言程序中的文件操作应用

（详讲文件操作）

模块 8

C 语言程序中的文件操作应用

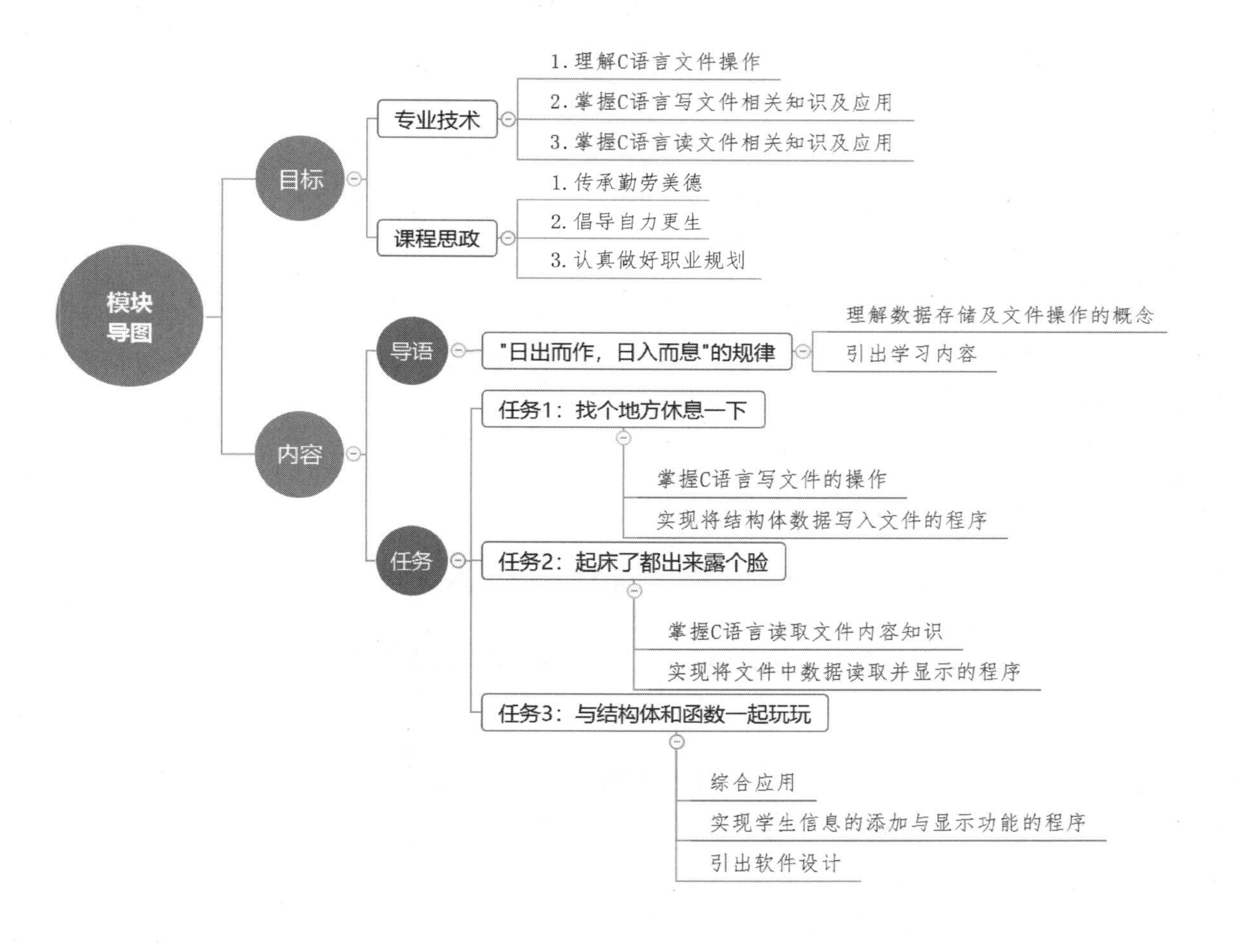

项目导语："日出而作，日入而息"的规律

1. "日出而作，日入而息"

本模块主要介绍C语言中的文件操作。它与"日出而作，日入而息"有什么关系呢？

日出而作，日入而息。
凿井而饮，耕田而食。
帝力于我何有哉！

——先秦时期《击壤歌》（见图8.1）

图8.1　先秦时期《击壤歌》

这首先秦时期的《击壤歌》展现了农耕时代上古先民的幸福生活场景，诠释出原始的自由安闲和自给自足的简单快乐。

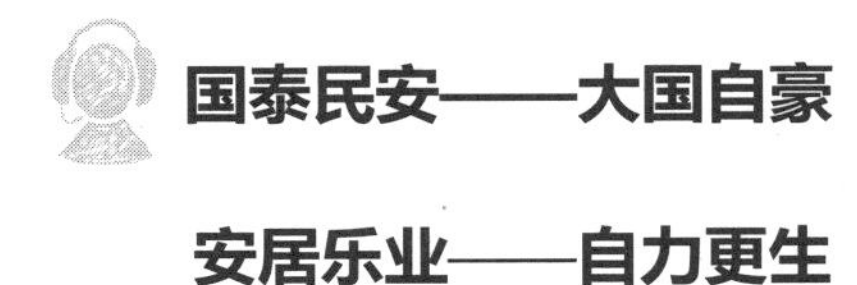

2. 程序中的"日出而作，日入而息"

有人可能会说，你讲文件操作跟"日出而作，日入而息"有什么关系呢？

哈哈，这就是规律。人是如此，那程序也差不到哪儿去。

接下来，我们说说程序这个主题吧。

程序在运行时，需要数据来支撑，或者程序在运行时，会产生数据，如何把数据写入文件中，以长期保存呢？如何把文件中的数据读取出来，服务于程序运行呢？

程序中"日入而息"：向文件中写入数据，保存数据

程序中"日出而作"：从文件中读取数据，支撑程序运行

开启文件操作的学习

为了详细介绍文件操作的知识，本模块共设计以下3个任务：

任务1：找个地方休息一下；

任务2：起床了都出来露个脸；

任务3：与结构体和函数一起玩玩。

任务 1　找个地方休息一下

目标描述

任务描述
● 编写程序实现 将保存有四大名著信息的结构体数据，保存到一个文本文件中。 写文件的功能，单独以函数实现。 ● 技术层面 掌握将数据写入文本文件的操作的流程。 掌握将数据写入文本文件的相关知识。 ● 课程思政 传承勤劳美德。

学习活动 1　接领任务

领任务单
● 任务确认 编写 C 语言程序，实现将结构体中的数据写入本地磁盘的文件中。 具体要求如下： （1）程序最终能正确将结构体中的信息写入文件中； （2）将数据写到文件中的功能单独定义函数实现； （3）掌握 C 语言代码的使用规范（变量命名及注释说明）； （4）程序能正确运行，并具有可扩展性。 ● 确认签字 --

学习活动 2　分析任务

编写 C 语言程序，将保存四大名著信息的结构体数据写入一个文本文件中，实现写文件的功能。

知识学习：C 语言写文件操作

学习笔记

文件操作指 C 语言对磁盘文件的内容进行相应的操作（写入/读取）。

前提：

对文件进行写入/读取前，要打开文件，也就是确定操作的对象。

（1）打开文件的语法

打开文件，即确定操作的文件，打开文件的语法如下：

```
FILE   *fp = fopen("文件路径" , "操作文件类型");
```

说明：

① 文件路径。

这里可以写单独的文件名，如“1.txt”即表示当前程序运行路径中的文件，若存在则返回这个文件的指针。若不存在则返回 NULL。

也可以写一个文件的绝对路径，如“C:\aaa\ccc\a.txt”，计算机中这个路径是否存在该文件，若存在则返回文件指针，若不存在则返回 NULL。

② 操作文件类型。

操作文件类型指对文件进行什么类型的操作，具体类型如下：

类　型	说　明
r	只读。以读的方式打开文本文件，只能读数据，如果文件不存在则出错
w	覆盖。以写的方式打开文本文件，能向文件中写入数据，若文件不存在则新建。反之，则从文件起始位置写，原内容将被覆盖
a	追加。为在文件后面添加数据而打开文本文件，追加数据。若文件不存在，则新建；反之，则在原文件后追加数据
r+	可读可写。为读和写而打开文本文件，读时，从头开始；写时，新数据只覆盖所占的空间，其后不变
w+	建立一个新文件进行写操作，随后可以从头开始读。如果文件存在，则原内容全部消失

（2）关闭文件

对文件操作结束后，一定要关闭文件。

关闭文件使用:fclose()，其代码如下：

```
FILE   *fp = fopen("文件路径" , "操作文件类型");
...
...
fclose(fp);   //fp 打开文件时定义的文件对象
```

说明：

fclose(fp)：其中的 fp 是指打开文件时的变量名。关闭这个变量，意味着关闭这个变量对应的文件，从而实现关闭文件的作用。

（3）对文件进行写操作函数

实现对打开的文件进行写操作的函数如下：

写入数据操作函数	说　　明
fputc(int ch,FILE *fp)	写一个字符到文件中
fputs(char *str , FILE *fp)	写一个字符串到文件中
fprintf(FILE *fp,char *format,arg_list)	将变量数据用指定的格式写入文件中

（4）对文件进行写数据举例

```
//定义 writedata 函数
void writedata()
{
    //w 代表对文件进行写操作
    FILE *fp = fopen("test.txt" , "w");
    //写一个字符到文件中
    fputc('a' , fp);
    //写一个字符串到文件中
    char *s="可以写文件了，我真的非常高兴！";
    fputs(s , fp);
    //按格式 %s %s %d 写数据到文件中
    fprintf(fp , "%s %s %d" , "张三" ,"男" ,18);
    //关闭文件
    fclose(fp);
}
int main()
{
    //调用函数
    writedata();
    return 0;
}
```

说明：

对文件写操作单独编写 writedata 函数，下面进行详细介绍。

① FILE *fp = fopen("test.txt" , "w");

这行代码可以“覆盖”的方式打开项目中的 test.txt 文件。

② fputc('a' , fp);

这行代码可向 test.txt 文件中写一个'a'字符。

③ char *s="可以写文件了，我真的非常高兴！";
　fputs(s , fp);

这两行代码就是将 s 这个字符串的内容写到 test.txt 文件中。

④ fprintf(fp , "%s %s %d" , "张三" ,"男" ,18);

这行代码可按格式 **%s %s %d** 将"张三"、"男"、18 这三个数据写到 test.txt 文件中。

学习活动 3　制定方案

实现本任务方案

● **实现思路**

通过对本任务的分析及相关知识学习，制定方案如下：

（1）定义一个结构体，包含书名、作者、定价三个成员；

（2）创建一个新的函数 saveData()，接收参数为书本信息结构体数组，返回一个整型数据。

（3）在 main()中实现对 saveData()的调用。

● **实现步骤**

（1）在 CodeBlocks 软件中创建一个新项目，项目名称为 writeData。

（2）在项目的 main.c 文件中按实现思路编写代码。

学习活动 4　实施实现

任务实现

● **实现代码**

（1）打开 CodeBlocks 软件，创建一个新的控制台项目，项目名称输入为 writeData。

（2）打开项目中的 main.c 文件，进入编辑界面。

（3）在 main()之前创建描述书本信息的结构体代码，其代码如下：

```
//定义书本信息结构体
struct book
{
    char title[50];   //书名，一个字符串
    char author[50];   //作者，一个字符串
    float value;   //定价，一个浮点数
};
```

（4）编写 saveData()。

在定义好的结构体下方创建该函数。

接收参数：书本信息结构体数组；

函数功能：将接收参数传入结构体中的书本信息保存到文件中；

函数返回：返回一个整型数据（1 为成功，0 为失败），其代码如下：

```
//写文件函数
int   saveData(struct   book D[4] )
{
    int jieguo=1;
    FILE *fp=fopen("bookinfo.txt" , "a"); //a :追加方式
    if(!fp){
        jieguo=0;   //操作文件出错
    }
```

```
    //循环一次写一本书的信息
    int i;
    for(i=0;i<4;i++)  //采用格式化写入函数
    {
        fprintf(fp,"%s %s %.1f \n",D[i].title, D[i].author, D[i].value);
    }
    //关闭文件
    fclose(fp);
    //函数返回
    return jieguo;
}
```

（5）编写 main()实现调用。

在完成以上操作后，编写 main()中的代码，实现对 saveData()的调用，以完成本任务。

```
//主函数中实现数据整理并调用函数实现写数据
int main()
{
    //定义 1 个结构体数组
    struct book bookList[4]=
    {
        {"红楼梦","曹雪芹",38.6},
        {"三国演义","罗贯中",54.3},
        {"水浒传","施耐庵",33.6},
        {"西游记","吴承恩",49.4}
    };
    //调用函数将结构体数据写入文件保存
    int  fankui=saveData(bookList);
    if(fankui==1){
        printf("数据写入成功！ ");
    }else{
        printf("数据写入失败！ ");
    }
    return 0;
}
```

实现本任务后完整的代码如下。

```
//定义书本信息结构体
struct book
{
    char title[50];  //书名，一个字符串
    char author[50];  //作者，一个字符串
    float value;  //定价，一个浮点数
};
//写文件函数
int  saveData(struct  book D[4] )
{
```

```
        int jieguo=1;
        FILE *fp=fopen("bookinfo.txt" , "a");   //a：追加方式
        if(!fp){
            jieguo=0;   //操作文件出错
        }
        //循环一次写入一本书的信息
        int i;
        for(i=0;i<4;i++)   //采用格式化写入函数
        {
            fprintf(fp,"%s %s %.1f \n",D[i].title, D[i].author, D[i].value);
        }
        //关闭文件
        fclose(fp);
        //函数返回
        return jieguo;
    }
    //在主函数中实现数据整理，并调用函数实现写数据
    int main()
    {
        //定义 1 个结构体数组
        struct book bookList[4]=
        {
            {"红楼梦","曹雪芹",38.6},
            {"三国演义","罗贯中",54.3},
            {"水浒传","施耐庵",33.6},
            {"西游记","吴承恩",49.4}
        };
        //调用函数将结构体数据写入文件保存
        int   fankui=saveData(bookList);
        if(fankui==1){
            printf("数据写入成功！");
        }else{
            printf("数据写入失败！");
        }
        return 0;
    }
```

补充说明：

（1）打开文件说明。

FILE *fp=fopen("bookinfo.txt","a");

以 a（追加）方式打开 bookinfo.txt 文件，这里为什么要使用追加方式呢？

大家想一下，结构体数组中存放的是四大名著，也就是 4 本书的信息。写文件应循环 4 次，第 1 次循环后，将第 1 本书的 3 条信息写到文件；第 2 次循环时写第 2 本书的信息，这里如果使用 w（覆盖）就会把之前写的数据覆盖，所以这里必须使用 a（追加）方式。

（2）写文件说明。

写文件的代码如下：

```
for(i=0;i<4;i++)   //采用格式化写入函数
    {
        fprintf(fp,"%s %s %.1f \n",D[i].title, D[i].author, D[i].value);
    }
```

这里使用循环实现对 4 本书信息的写入过程。

因为函数接收的参数是一个 book 结构体数组 D，所以开始循环时，从结构体数组的第 0 个元素开始，依次完成对 4 本书信息的写入操作。

学习活动 5　测试验收

任务测试验收单

● 实现效果

编写 C 语言程序，实现对文件的写入操作。

按制定的方案进行任务实现，在正确的情况下，其效果如图 8.2 所示。

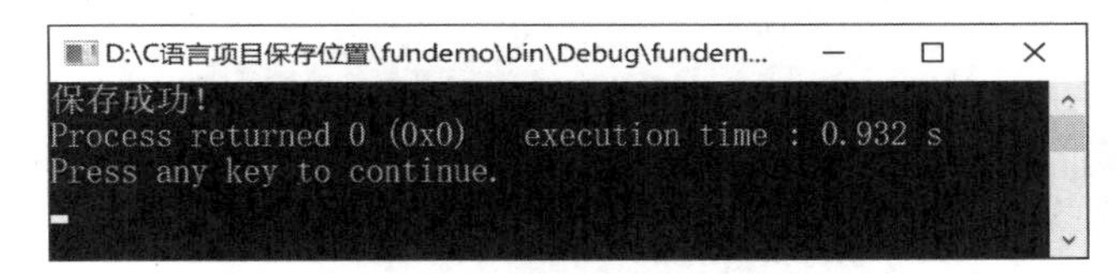

图 8.2　任务运行的效果

文件中写入数据的效果如图 8.3 所示。

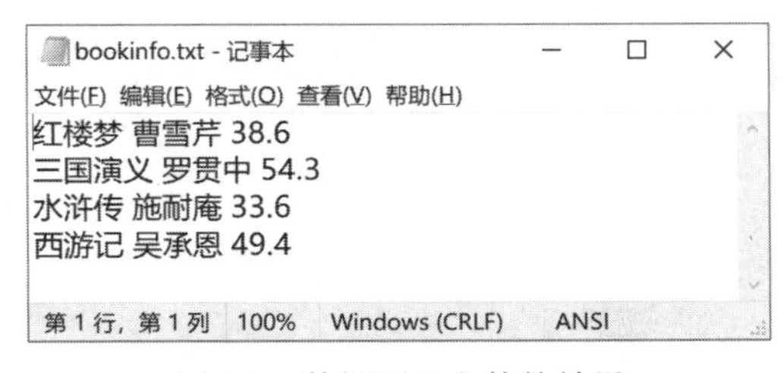

图 8.3　数据写入文件的效果

● 验收结果

序　号	验 收 内 容	实 现 效 果				
		A	B	C	D	E
1	任务要求的功能实现情况					
2	开发环境安装与置换情况					
3	掌握知识的情况					
4	程序运行情况					
5	团队协作					

说明：在实现效果对应等级中打“√”。

- 验收评价

验收签字______

学习活动 6　总结拓展

任务总结与拓展

- 实现效果

本任务实现将四大名著信息的结构体数据，保存到一个文本文件中。

- 技术层面

数据写入文本文件的操作流程。

在 C 语言中写入数据的相关函数。

- 课程思政

同学们掌握了 C 语言文件操作中写文件的相关知识。

本模块以“日出而作，日入而息”作为开场，引出对应的读取文件数据和将数据写入文件中的过程。“日出而作，日入而息”呈现出的是一幅自力更生的农作场景，所以希望同学们能够传承勤劳的优良传统，做一个自力更生的人。

- 教学拓展

通过本任务的学习，同学们对写数据到文本文件的过程有了一定的了解，试着优化本任务，让其完成不止写入 4 本书的功能。

- 任务小结（请在此记录你在本任务中对所学知识的理解与实现本任务的感悟等）

本任务完成了数据的写入

下一回：起床了都出来露个脸

（读取文件中数据）

任务 2　起床了都出来露个脸

目标描述

任务描述
● 编写程序实现 将上次任务写入文件的四大名著信息读出来并显示。 读文件、显示书本信息功能，单独以函数实现。 ● 技术层面 掌握读取文本文件数据的操作流程。 掌握读取文本文件数据的相关知识。 ● 课程思政 劳动教育。 自力更生。

学习活动 1　接领任务

领任务单
● 任务确认 编写 C 语言程序，将上次任务写入文件的四大名著信息读取出来。 具体要求如下： （1）程序能正确将文件中的数据读取，并显示在界面上； （2）从文件中读取数据功能，单独以自定义函数实现； （3）显示书本信息功能，单独以自定义函数实现； （4）掌握 C 语言代码的使用规范（变量命名及注释说明）； （5）程序能正确运行，并具有可扩展性。 ● 确认签字

学习活动 2　分析任务

编写 C 语言程序，实现将上次任务写入文件中的四大名著信息读取出来，实现读文件的功能。

知识学习：C 语言读取文件的操作

学习笔记

文件读取操作的流程和写文件是一样的。先把文件打开，然后进行读取操作，最后关闭文件。

1．对文件进行读取操作的函数

实现对打开的文件进行读取操作的函数如下：

读取数据操作函数	说　　明
fgetc (FILE *fp)	从文件中读取一个字符
fgets(char *str , int n , FILE *fp)	从文件中读取一个指定长度的字符串
fscanf(FILE *fp,char *format,arg_list)	格式化读取文件中数据，并存放于指定的变量参数中

说明：

文件的读取函数与写入函数是一一对应的。

另外，与读取文件数据相关的还有一个特别的函数，即 feof()，它是文件尾函数。

这个函数返回值为逻辑值，如果到文件尾则返回真(1)，否则返回假(0)。所以，利用这个函数可判断数据是否已经读取完了。如果 feof()返回为真，则说明文件中的数据已全部读取完。

2．对文件进行读取数据举例

```
/* 读文件示例*/
void readdata()
{
    FILE *fp = fopen("test.txt","r");   //r 只读操作
    //读取一字节数据
    char a;
    a = getc(fp);
    printf("%c\n",a);
    //读取一个字符串
    char s[30];
    fgets( s , 31, fp);   //读取 30 个字符
    printf("%s\n",s);
    //按指定格式读取字符
    char sex[10]; char name[20]; int age;
    fscanf(fp,"%s %s %d",&name,&sex,&age); printf("%s\t%s\t%d",name,sex,age);
    //关闭文件
    fclose(fp);
}

int main()
{
    //调用函数
    readdata();
    return 0;
}
```

说明：

（1）a = getc(fp);从 test.txt 文件中读取一个字符，并赋值给 a 变量。

（2）fgets(s , 31, fp);从 test.txt 文件中读取 30 个字符，因为上一行代码已读了一个字符，所以这里从第 2 个字符开始读 30 个，即为 31。

（3）fscanf(fp,"%s %s %d",&name,&sex,&age);从 test.txt 文件中，以"%s %s %d"格式读取 3 个数据，并分别赋值给 name、sex、age 3 个变量。

特别说明：本任务要基于上次任务写入的数据。

学习活动 3 制定方案

实现本任务方案

- **实现思路**

通过对本任务的分析及相关知识学习，制定方案如下。

（1）定义一个结构体，包含书名、作者、定价三个成员。

（2）调用两个函数，

readData()用于从文件中读取数据，将数据保存到结构体中。

showData()将返回的结构体数组中的数据显示出来。

（3）在 main()中实现对 showData()的调用，如图 8.4 所示。

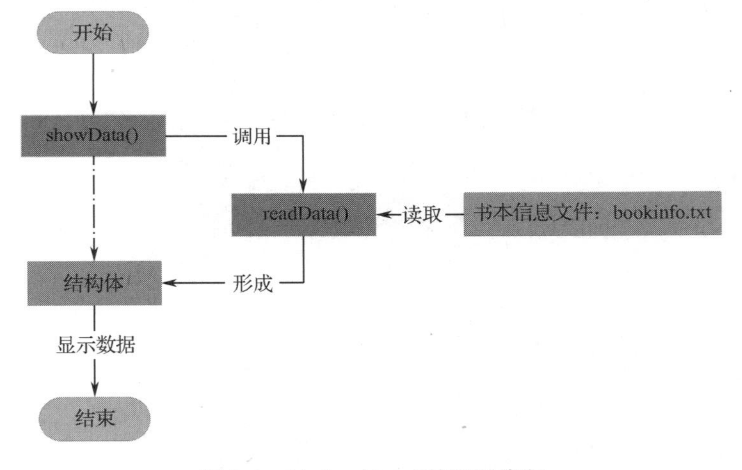

图 8.4 对 showData()的调用流程

- **实现步骤**

（1）在 CodeBlocks 软件中创建一个新项目，项目名称为 readData。

（2）在项目的 main.c 文件中按实现思路编写代码。

学习活动 4 实施实现

任务实现

● 实现代码

（1）打开 CodeBlocks 软件，创建一个新的控制台项目，项目名称输入为 readData。

（2）打开项目中的 main.c 文件，进入编辑界面。

（3）在 main()之前创建结构体及结构体全局变量，其代码如下。

```
//定义书本信息结构体
struct book
{
    char title[50];   //书名，一个字符串
    char author[50];   //作者，一个字符串
    float value;   //定价，一个浮点数
};

//定义一个全局结构体数组
struct book BOOKM[4];
```

（4）编写 readData()。

从文件中读取数据，并直接保存到 BOOKM 中，其代码如下：

```
/* 功能：从文件中读取数据 */
void   readData()
{
    FILE *fr = fopen("bookinfo.txt","r");
    if(fr == NULL) {
        return;
    }
    //将文件中的数据写入结构体数组中
    int i=0;   //记录书本数量
    while(!feof(fr)) {
        //按指定格式读取数据，并保存到结构体数组中
        fscanf(fr,"%s %s %f\n",
                &BOOKM[i].title ,
                &BOOKM[i].author ,
                &BOOKM[i].value);
        i++;
    }
    fclose(fr);   //关闭文件
}
```

（5）编写 showData()，并实现显示。

将保存在 BOOKM 中的数据显示在界面中。

```
/* 功能：显示书本信息 */
void showData()
{
```

```
    printf("****************  书本信息  ****************\n\n");
    printf("书名\t\t    作者\t\t    单价\n-----------------------------------------\n");

    //调用函数，实现从文件中读取书本信息
    readData();

    //显示书本信息
    int i;
    for(i=0; i<4; i++)
    {
        printf("%s   \t     %s \t     %.1f \n",
BOOKM[i].title,BOOKM[i].author,BOOKM[i].value);
    }
    printf("-----------------------------------------\n");
}
```

（6）在 main()中调用，实现本任务。

在 main()中调用 showData()，以完成本任务。

```
//主函数中实现数据整理，并调用函数实现写数据
int main()
{
    //调用显示数据函数
     showData();
     return 0;
}
```

补充说明：

本任务实现了以下两个自定义函数：

① void readData()：从文件中读取数据。

② void showData()：显示书本信息。

（1）全局结构体数组。

```
struct book BOOKM[4];   //定义一个全局结构体数组
```

因本任务要将文件中的四大名著信息读取出来，所以这里定义了一个全局的 book 结构体数组，数据读取出来就保存到这个结构体数组中，然后就可以直接从这个结构体数组中取数进行显示。

（2）读取数据。

读取文件中数据的代码如下：

```
while(!feof(fr)) {
        //按指定格式读取数据，并保存到结构体数组中
        fscanf(fr,"%s %s %f\n",
    &BOOKM[i].title ,
    &BOOKM[i].author ,
    &BOOKM[i].value);
        i++;
    }
```

这里使用 while 循环语句来读取。循环的结束标志就是到读取文件的尾部，这里使用!feof(fr) 做循环条件，即不到文件尾时进行循环，到了文件尾时结束循环。

fscanf 函数按“%s %s %f\n”格式，一次读取书的 3 条信息，分别保存到全局结构体数组的 title、author、value 成员中。

（3）显示数据。

显示数据的主要代码如下：

```
//调用函数，实现从文件中读取图书的信息
        readData();

        //显示图书信息
        int i;
        for(i=0; i<4; i++)
        {
            printf("%s    \t     %s \t      %.1f \n",
BOOKM[i].title,BOOKM[i].author,BOOKM[i].value);
        }
```

在显示数据的函数中调用 readData()，先实现从文件中读取数据，保存到全局的结构体数组中，再利用 for 循环，将全局的结构体数组中的数据进行显示。

学习活动 5　测试验收

任务测试验收单

- **实现效果**

本任务实现将保存在文件中的数据读取，并显示在界面上。

按制定的方案进行任务实现，在正确的情况下，其效果如图 8.5 所示。

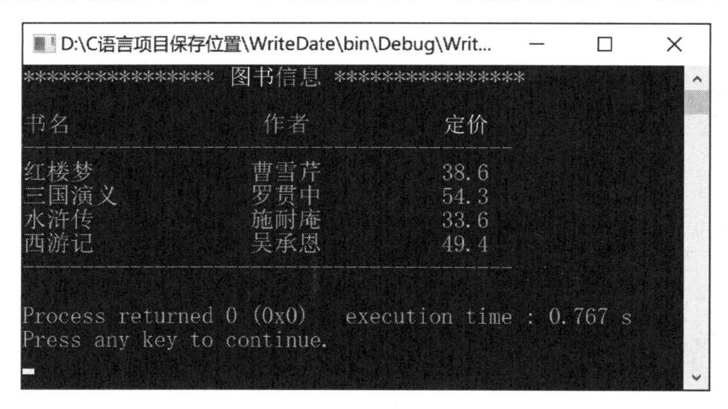

图 8.5　显示数据界面

● 验收结果

序　　号	验 收 内 容	实 现 效 果				
		A	B	C	D	E
1	任务要求的功能实现情况					
2	使用代码的规范性（变量命名、注释说明）					
3	掌握知识的情况					
4	程序性能及健壮性					
5	团队协作					

说明：在实现效果对应等级中打“√”。

● 验收评价

验收签字 --

学习活动6　总结拓展

任务总结与拓展

● 实现效果

实现了将从保存四大名著信息的文本文件中，读取数据并显示。读取数据和显示数据以功能进行区分，并单独以函数实现。

● 技术层面

对上次任务写入的四大名著信息，完成读取数据。

（1）掌握数据读取文本文件的操作流程。

（2）掌握数据读取文本文件的相关知识。

（3）单独以函数实现（模块化设计思路）。

● 课程思政

同学们掌握了 C 语言文件操作中读取文件的相关知识。本模块以“日出而作，日入而息”作为开场，引出对应的读取文件数据和将数据写入文件的过程。

那么，“日出而作，日入而息”呈现出的是一幅自力更生的劳作场景，所以希望同学们能传承中华民族勤劳的优良传统，做一个自力更生的人。

● 教学拓展

同学们尝试着将写文件和读文件这两个任务相结合，以完成书本信息的添加与显示功能。

- **任务小结**（请在此记录你在本任务中对所学知识的理解与实现本任务的感悟等）

现在已将文件、结构体、函数都集合了

下一回：与结构体和函数一起玩玩

（为后续的综合案例做好准备）

任务 3　与结构体和函数一起玩玩

目标描述

任务描述
● 编写程序实现 实现学生信息的添加与显示功能。 具体要求如下： （1）结合结构体、函数、文件操作的知识； （2）存储：采用文件来存储学生信息； （3）业务：单独采用头文件（H 文件）的形式； （4）表示：数据以结构体的形式传递。 ● 技术层面 综合应用结构体、函数、文件的操作知识。 ● 课程思政 做好职业规划。

学习活动 1　接领任务

领任务单
● 任务确认 编写 C 语言程序，将结构体、函数、文件操作相关知识结合实现学生信息的添加与显示功能。

具体要求如下：

（1）结合结构体、函数、文件操作知识实现；

（2）存储：采用文件来存储学生信息；

（3）业务：单独利用头文件（H 文件）的形式；

（4）表示：数据以结构体的形式传递；

（5）掌握 C 语言代码的使用规范（变量命名及注释说明）；

（6）程序能正确运行，并具有可扩展性。

● 确认签字

学习活动 2　分析任务

要求结合结构体、函数、文件操作知识，实现学生信息的添加与显示功能。为后续的综合项目做好准备。

（1）存储层：采用文件来存储学生信息；

（2）业务逻辑层：单独利用头文件（H 文件）的形式；

（3）表示层：数据以结构体的形式传递。

学习活动 3　制定方案

实现本任务方案

● 实现思路

通过对本任务的分析及相关知识的学习，制定实现方案如图 8.6 所示。

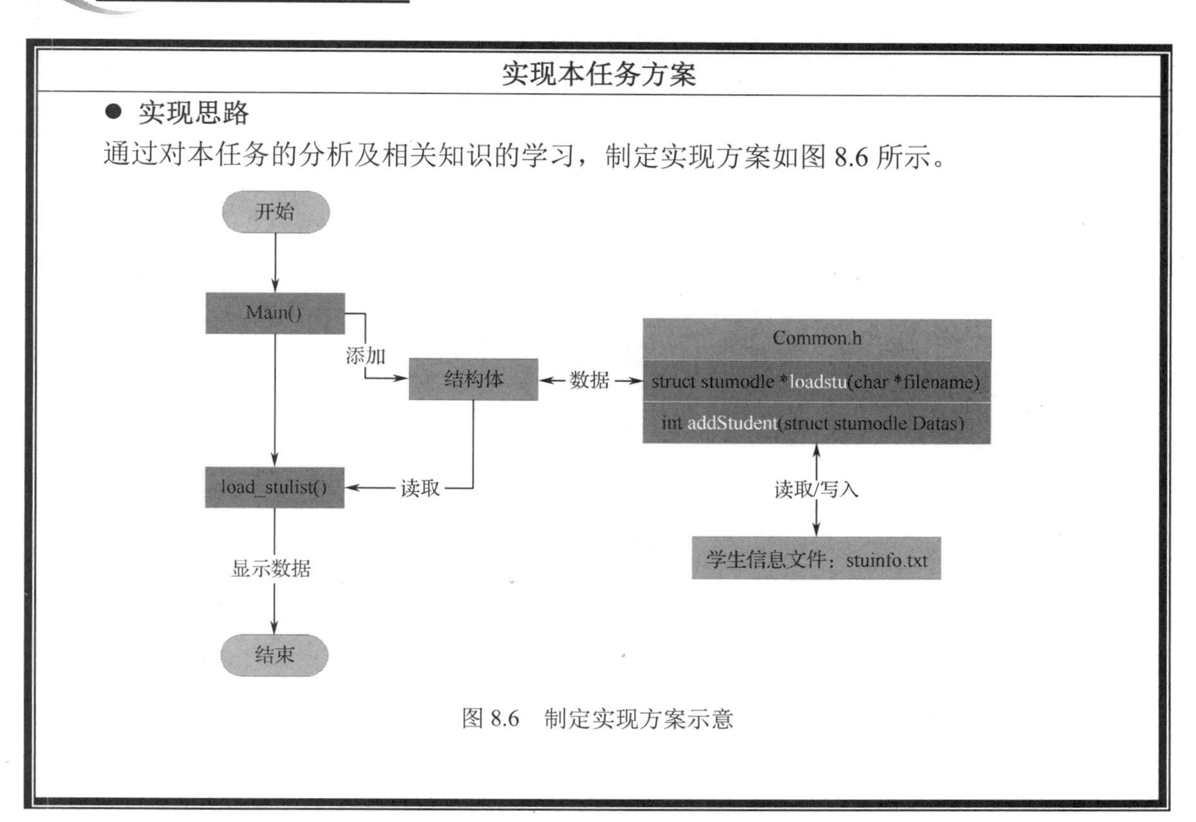

图 8.6　制定实现方案示意

说明：

（1）表示层设计。

在 main()中实现创建结构体数据，并调用业务层中的 addStudent()以实现添加学生信息。

实现 load_stulist()是从文件中读取的学生信息，并进行显示。

（2）业务逻辑层设计。

将实现对文件操作的功能，采用单独利用函数的方式在 H 文件中实现，以实现业务功能层。

使用 Loadstu()实现从文件中读取数据，并以结构体返回。

使用 addStudent()实现结构体数据的接收，并保存到文件中。

（3）数据存储层设计。

将学生信息保存到 StudentInfo.txt 文件中。

- **实现步骤**

（1）在 CodeBlocks 软件中创建一个新项目，项目名称为 StuManageDemo。

（2）在项目中按实现思路编写代码。

学习活动 4 实施实现

任务实现

- **实现代码**

（1）打开 Code Block 软件，创建项目 StuManageDemo，其具体步骤如下。

① 执行“File”→“New”→“Project…”，如图 8.7 所示。

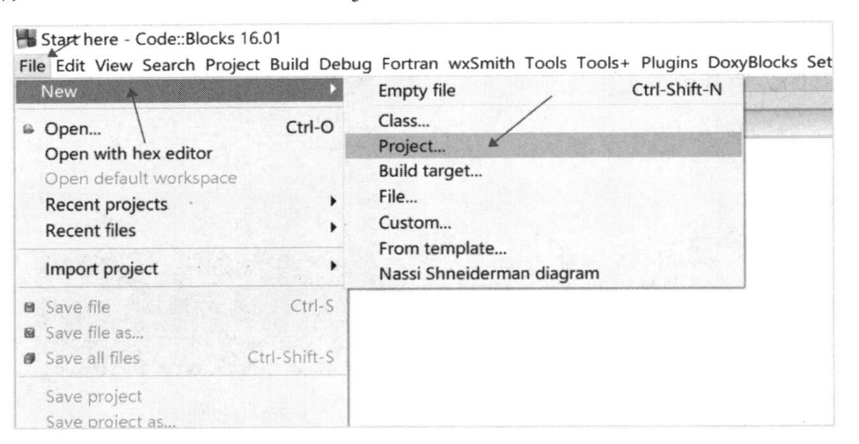

图 8.7 新建项目

② 选择“Console application”选项，单击“Go”按钮，如图 8.8 所示。

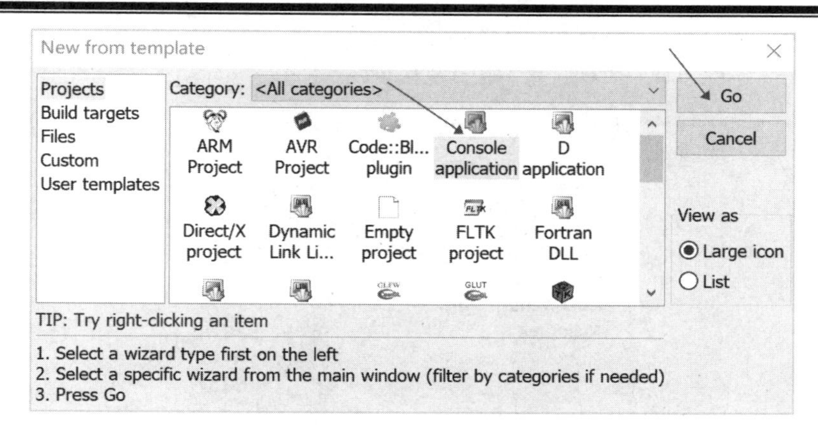

图 8.8 选择项目类型

③ 选择“C”选项，单击“Next”按钮，如图 8.9 所示。

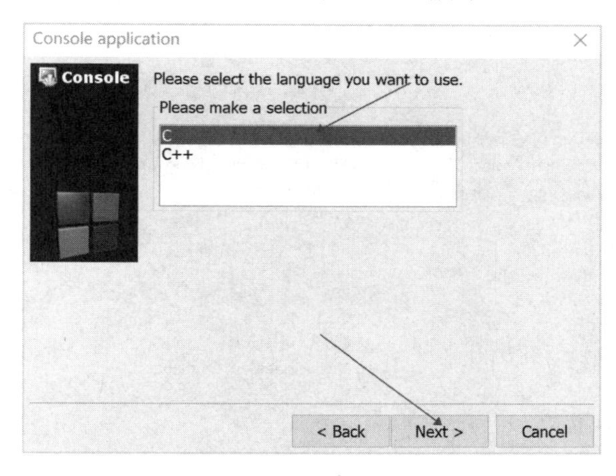

图 8.9 选择 C 语言

④ 输入项目名称为 StuManageDemo，单击“Next”按钮，如图 8.10 所示。

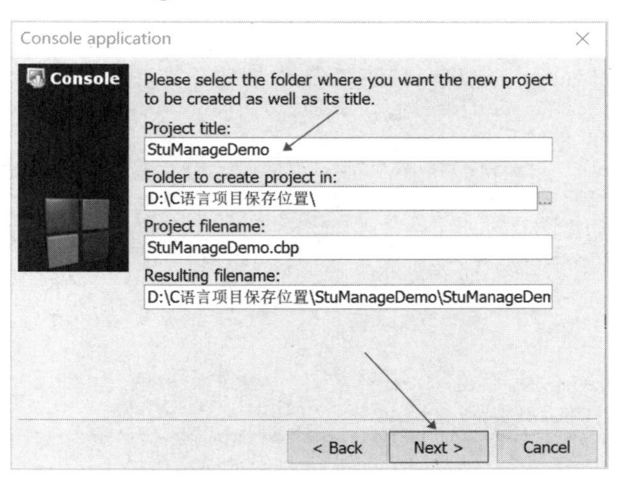

图 8.10 输入项目信息

（2）创建头文件为 Common.h，具体步骤如下。

① 单击项目名称，以选中项目，如图 8.11 所示。

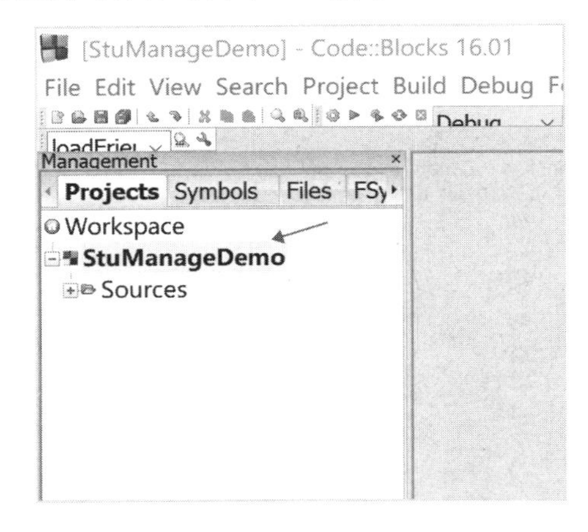

图 8.11　单击项目名称

② 执行“File”→“New”→“File…”，新建 C 语言头文件，如图 8.12 所示。

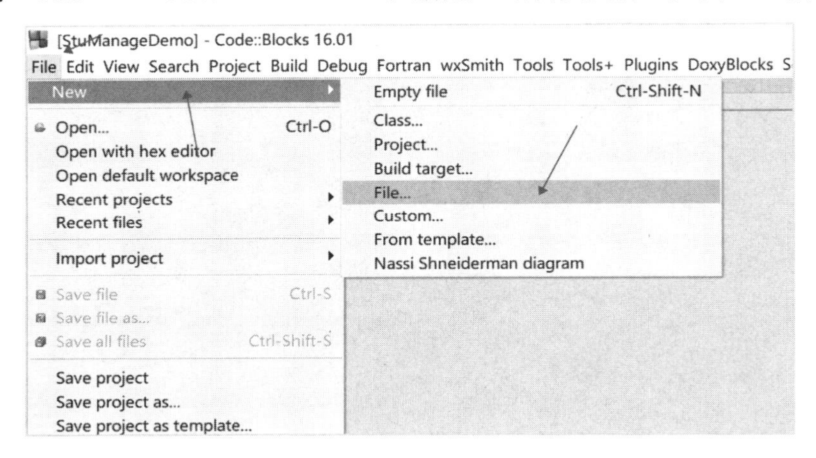

图 8.12　新建头文件

③ 选择“C/C++ header”选项，单击“Go”按钮，如图 8.13 所示。

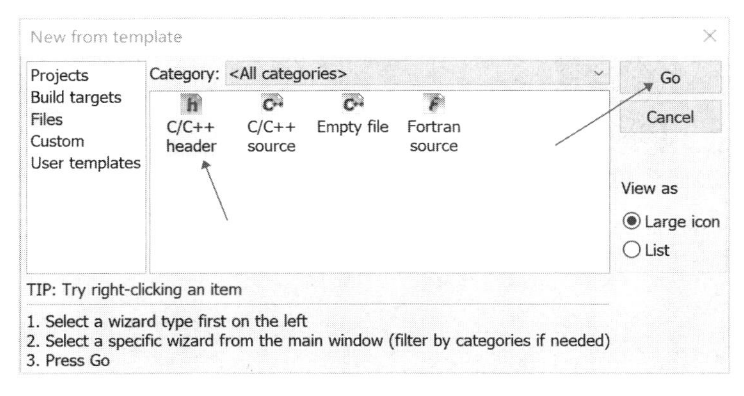

图 8.13　选择头文件类型

④ 单击浏览按钮…，设置头文件保存位置，如图 8.14 所示。

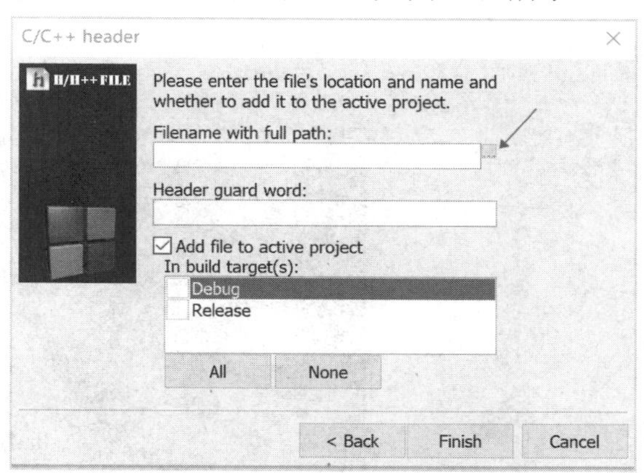

图 8.14　设置头文件保存位置

⑤ 输入头文件名为 Common.h，然后单击“保存”按钮，如图 8.15 所示。

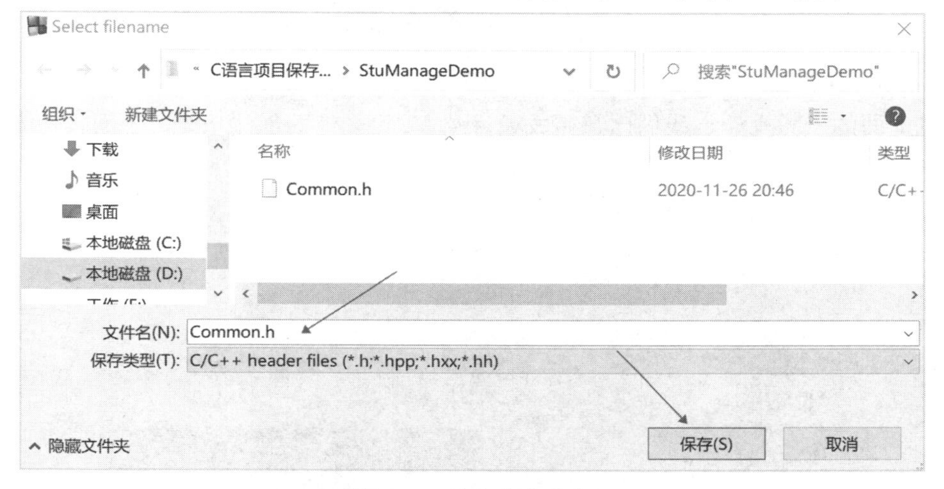

图 8.15　输入头文件名

⑥ 单击“Finish”按钮完成创建，如图 8.16 所示。

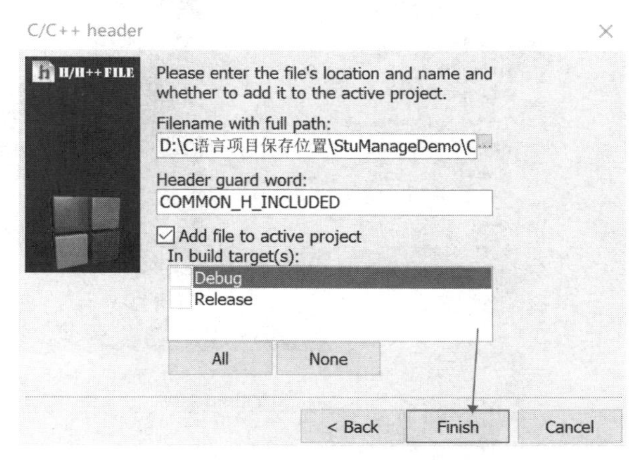

图 8.16　完成创建头文件

⑦ 项目出现如图 8.17 所示的界面，说明 H 头文件创建成功。

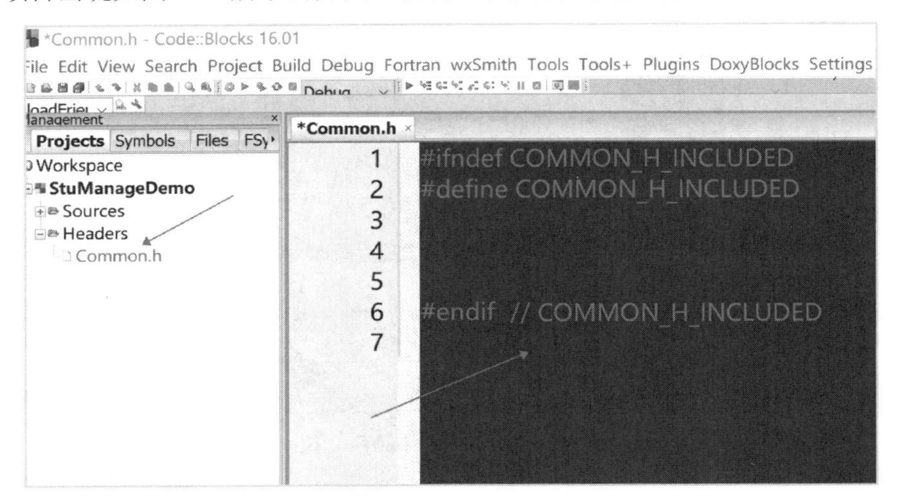

图 8.17　项目头文件结构

● **实现数据存储**

通过上面的步骤操作，我们已经完成项目及 H 头文件的创建功能，下面设计本任务实现数据存储文件的创建。

（1）找到项目保存在硬盘的位置。

用鼠标右击项目名称，选择“Open Project Folder in File Browser”选项，打开项目所保存的位置，如图 8.18 和图 8.19 所示。

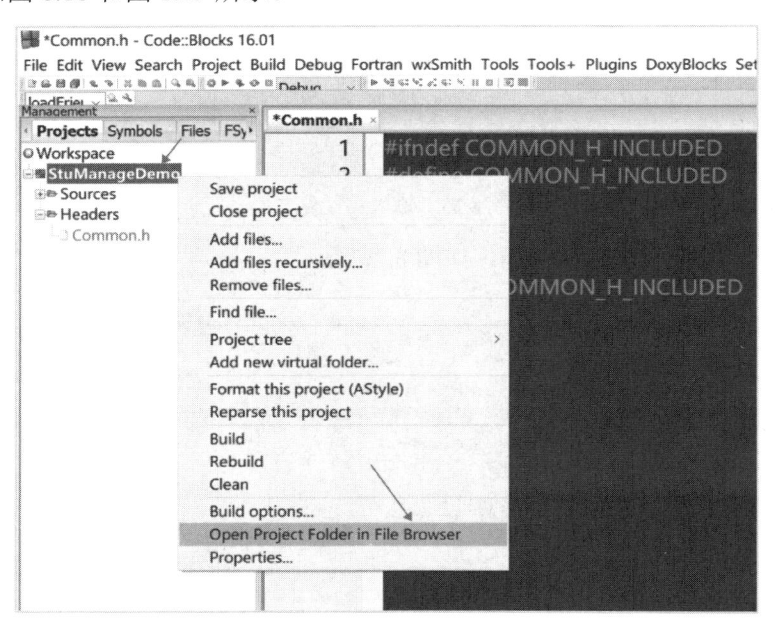

图 8.18　打开项目保存位置

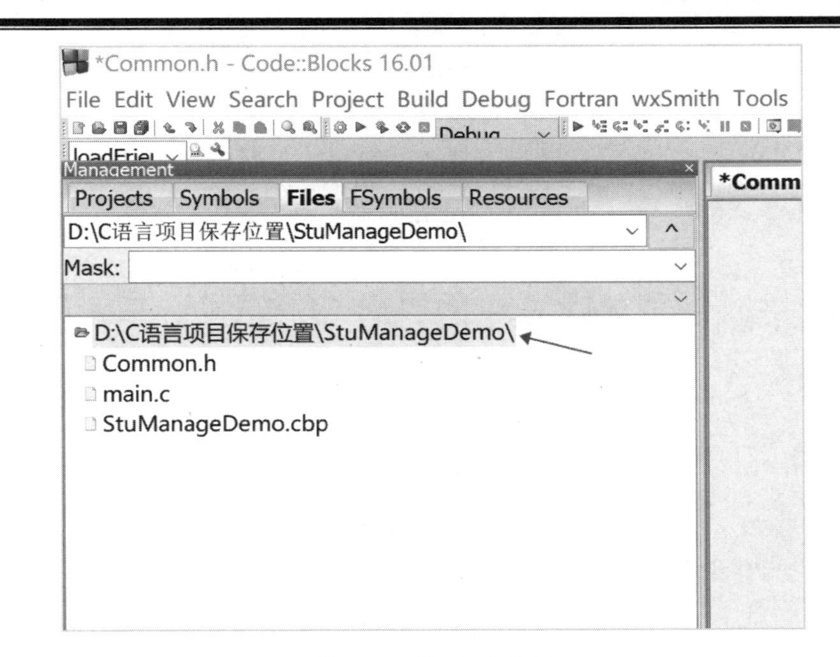

图 8.19　项目保存位置

在这里，我们可以看到该项目是保存在“D:\C 语言项目保存位置\StuManageDemo\”目录下的。

（2）打开计算机，进入 D:\C 语言项目保存位置\StuManageDemo 目录下，如图 8.20 所示。创建存储文件为 StudentInfo.txt。

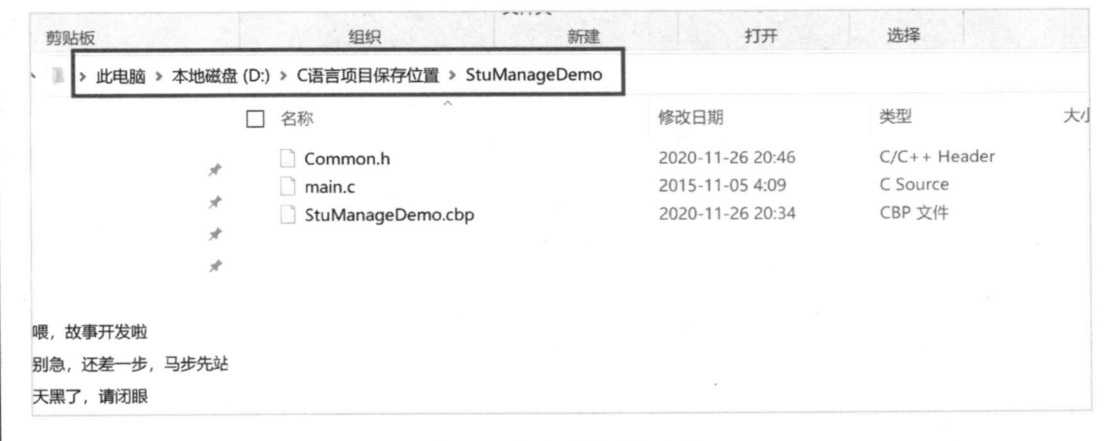

图 8.20　进入项目保存位置

在该目录下，用鼠标右击空白处，执行“新建”→“文本文档”，如图 8.21 所示。

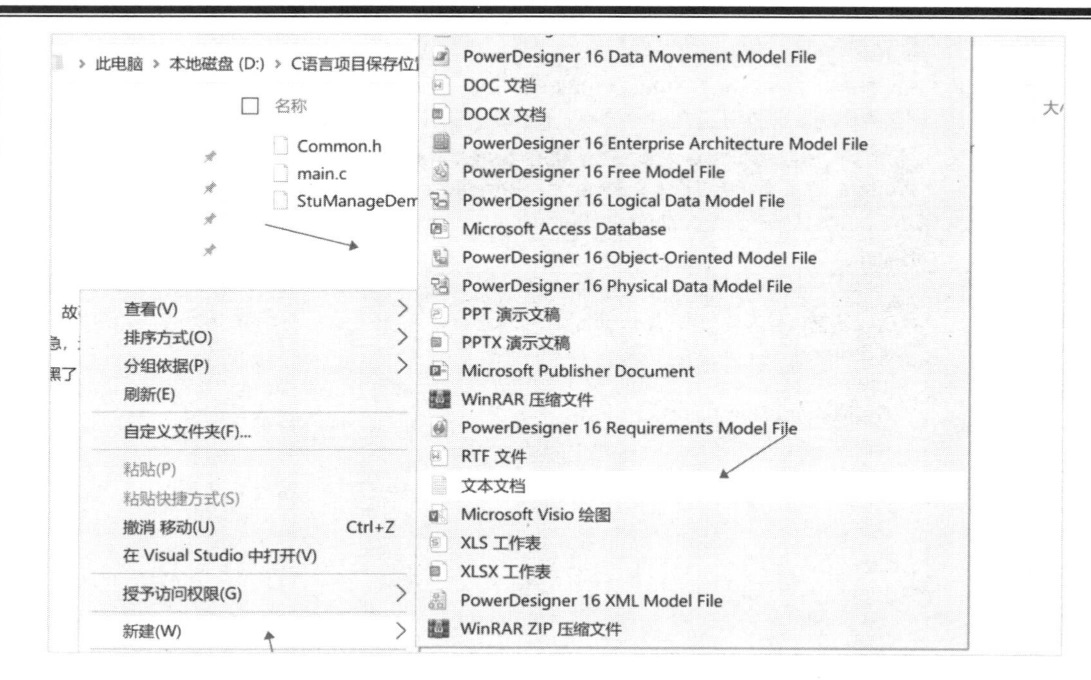

图 8.21　新建存储文件

将新建立的文本文档，改名为 StudentInfo，如图 8.22 所示。

板　组织　新建　打开　选择

> 此电脑 > 本地磁盘 (D:) > C语言项目保存位置 > StuManageDemo

名称	修改日期	类型
Common.h	2020-11-26 20:46	C/C++ H
main.c	2015-11-05 4:09	C Source
StudentInfo.txt	2020-11-26 21:05	文本文档
StuManageDemo.cbp	2020-11-26 20:34	CBP 文件

图 8.22　改数据存储文件名

● 实现业务层功能

通过上面的步骤，我们已经实现了以下内容：

① 创建项目；

② 创建 Common.h 头文件；

③ 在项目文档目录中，创建存储数据的文件为 StudentInfo.txt。

万事已经具备，接下来，我们就一起来实现该程序的业务功能函数。

1．实现 addStudent()

（1）打开 Common.h 头文件。

选中“Projects”选项卡，展示项目列表下的 Headers 目录，然后双击“Common.h”文件进行编写，如图 8.23 所示。

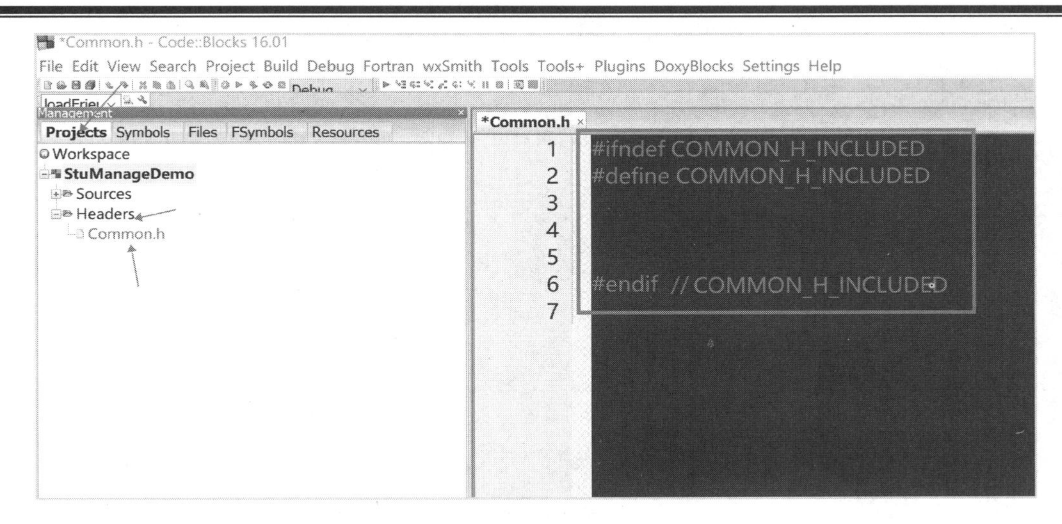

图 8.23　打开头文件内容

（2）删除多余的代码。

图 8.23 的右边框线中的代码是系统自动产生的，需要全部删除。

（3）实现结构体。

实现一个结构体 stumodle 用于中转数据，其代码如下：

```
#include <io.h>
#include <direct.h>

//本系统存放学生总数
int  MAXSIZE=100;
//用于记录已经存放学生的真实个数
int  TOTALCOUNT=0;

//学生结构体
struct stumodle {
     char name[20];   //姓名
     char sex[20];     //性别
     char tel[20];       //电话
     char age[20];     //年龄
};
```

（4）实现 addStudent()。

在上一步创建的结构体中，实现添加学生信息的功能函数 addStudent()，其代码如下：

```
/**
 * 功能：添加一个学生
 * @Datas：输入参数，stumodle 结构体变量
 * 返回  1 为成功，0 为失败
 */
int addStudent(struct stumodle Datas)
{
     //创建文件
```

```
    FILE *fp=fopen("StudentInfo.txt","a");
    if(!fp)
    {
        printf("errror!\n");
        return 0;
    }
    //写入文件
    fprintf(fp,"%s %s %s %s\n",Datas.name,Datas.sex,Datas.tel,Datas.age);
    fclose(fp);   //关闭文件
    return 1;
}
```

2．实现 loadstu()

在上一步实现添加学生信息 addStudent()的下方，实现读取学生信息的功能函数 loadstu()，其代码如下。

```
/**
* 功能：读取指定文件的内容*
* 返回：若对应结构体则成功，否则失败
*/
struct stumodle *loadstu()
{
    FILE *fr = fopen("StudentInfo.txt","r");
    if(fr == NULL) {
        return;
    }
    //定义结构体
    struct stumodle sMod[MAXSIZE];
    //将文件中的数据写入结构体数组中
int n=0;   //用于记录学生的数量
    while(!feof(fr)) {
        fscanf(fr,"%s%s%s%s\n",sMod[n].name,sMod[n].sex,sMod[n].tel,sMod[n].age);
        n++;
    }
    //记录已有学生的真实数量
    TOTALCOUNT=n;
    //关闭文件
    fclose(fr);
    //返回存放了数据的结构体
    return sMod;
}
```

● **实现表示层功能**

通过上面步骤，我们已经实现 Common.h 头文件添加、读取学生信息功能函数的编码，下面进入表示层功能的实现，具体步骤如下。

1．实现表示层显示数据

（1）引入 Common.h 文件。

将添加学生与读取学生的功能单独以函数的方式在 Common.h 文件中实现，那么在表示层中使用其中的函数，就必须引用 Commom.h 文件，否则调用不到其相关功能函数。

展示项目列表，双击 main.c 文件以进入表示层功能的编辑区，具体如图 8.24 所示。

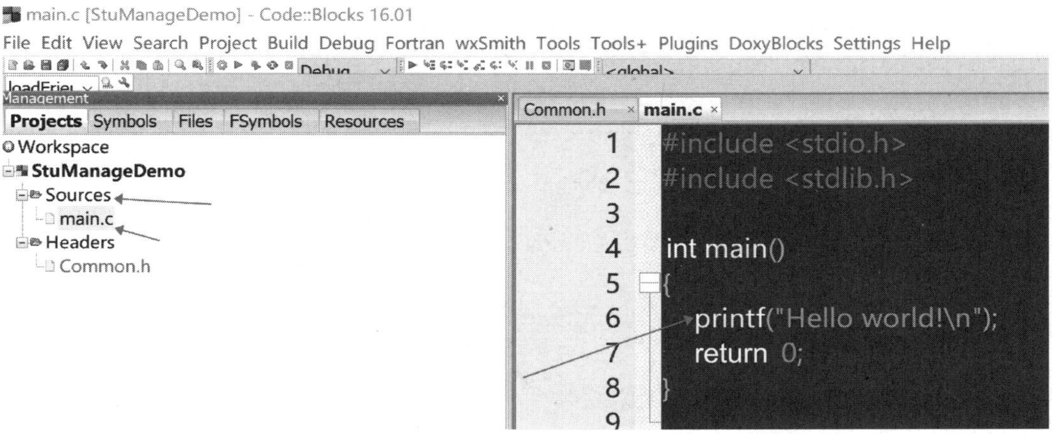

图 8.24　打开 main.c 文件

在 main()前，引入 Common.h 头文件的代码，其代码如下。

```
#include <stdio.h>
#include <stdlib.h>

//调用自定义的 Common.h 头文件
#include "Common.h"

int main()
{

    return 0;
}
```

（2）实现表示层显示学生信息。

在调用 Common.h 文件与 main()之间创建一个新函数为 load_stulist()，其代码如下。

```
//加载所有学生并显示
void load_stulist()
{
    //清除屏幕
    system("cls");
    printf("****************  学生列表  ****************\n\n");
    printf("\n 序号\t 姓名\t\t 性别\t\t 电话\t\t 年龄\n------------------------------------------------------------\n");

    //定义学生结构体变量
    struct stumodle *_stumodle;
    //调用 H 文件中的 loadstu()，以结构体返回所有学生信息，并赋值给_stumodle
    _stumodle=loadstu();

    //显示所有学生
```

```
        int i;
        for(i=0; i<TOTALCOUNT; i++)    //在 Common.h 中已经赋值
        {
            printf("%2d%12s\t\t%s\t\t%s\t\t%s\n",i+1,_stumodle[i].name,_stumodle[i].sex,
    _stumodle[i].tel,_stumodle[i].age);
        }
        printf("-------------------------------------------------------------------\n");
    }
```

2．实现表示层添加数据

在 main()中实现一个结构体，调用 Common.h 文件中的学生信息函数，以实现添加学生的功能，其代码如下。

```
int main()
{
    //创建结构体，该结构体在 Common.h 中已经创建
    struct stumodle _stumodle;

//将"林小"字符串赋值给_stumodle.name
    strcpy(_stumodle.name,"林小");
    strcpy(_stumodle.sex,"男");
    strcpy(_stumodle.tel,"1131313");
    strcpy(_stumodle.age,"20");
    //调用 H 文件中的 addStudent 函数，将结构体以参数传入，以实现添加学生信息的目的
    addStudent(_stumodle);
    //调用 load_stulist 函数，显示学生信息
    load_stulist();
    return 0;
}
```

学习活动 5　测试验收

任务测试验收单

● 实现效果

实现了学生信息管理的添加和显示功能。在正确的情况下，运行程序应如图 8.25 所示。

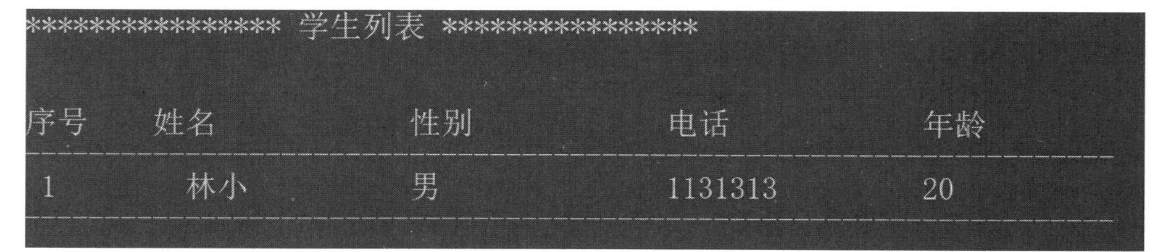

图 8.25　程序运行的效果

● 验收结果

序　　号	验 收 内 容	实 现 效 果				
		A	B	C	D	E
1	任务要求的功能实现情况					
2	使用代码的规范性（变量命名、注释说明）					
3	掌握知识的情况					
4	程序性能及健壮性					
5	团队协作					

说明：在实现效果对应等级中打“√”。

● 验收评价

验收签字 --

学习活动6　总结拓展

任务总结与拓展

● 实现效果

结合结构体、函数、文件操作的知识，实现了学生信息的添加与显示功能。

同时，采用软件三层架构的思路进行设计：

存储：采用文件来存储学生信息；

业务：单独采用头文件（H 文件）的形式实现；

表示：数据以结构体的形式传递。

● 技术层面

结构体、函数和文件操作。

软件的三层架构。

● 课程思政

利用软件三层架构的思路，实现了学生信息的添加与显示的功能。

在实现的过程中，利用流程图的方式先做好软件的设计，然后根据设计逐步进行编码实现（见图 8.6）。

通过本任务的学习，充分说明设计的重要性。有怎样的设计，就会有怎样的结果。从某种角度来说也验证了“不打无准备的仗”的意义。

对于未来的软件从业人员，我们更应该明白设计对人生的意义，所以希望同学们做好人生的职业规划，并坚持着实现自己人生的价值。

● **教学拓展**

本任务实现了对学生信息的添加与显示功能，同学们尝试将本任务学生信息的删除功能进行实现。

● **任务小结**（请在此记录你在本任务中对所学知识的理解与实现本任务的感悟等）

“小试牛刀”不过瘾

下一回：进入模块9　C语言程序综合项目实现

（综合项目实现吃鸡游戏的枪械信息管理）

模块9

C语言程序综合项目实现

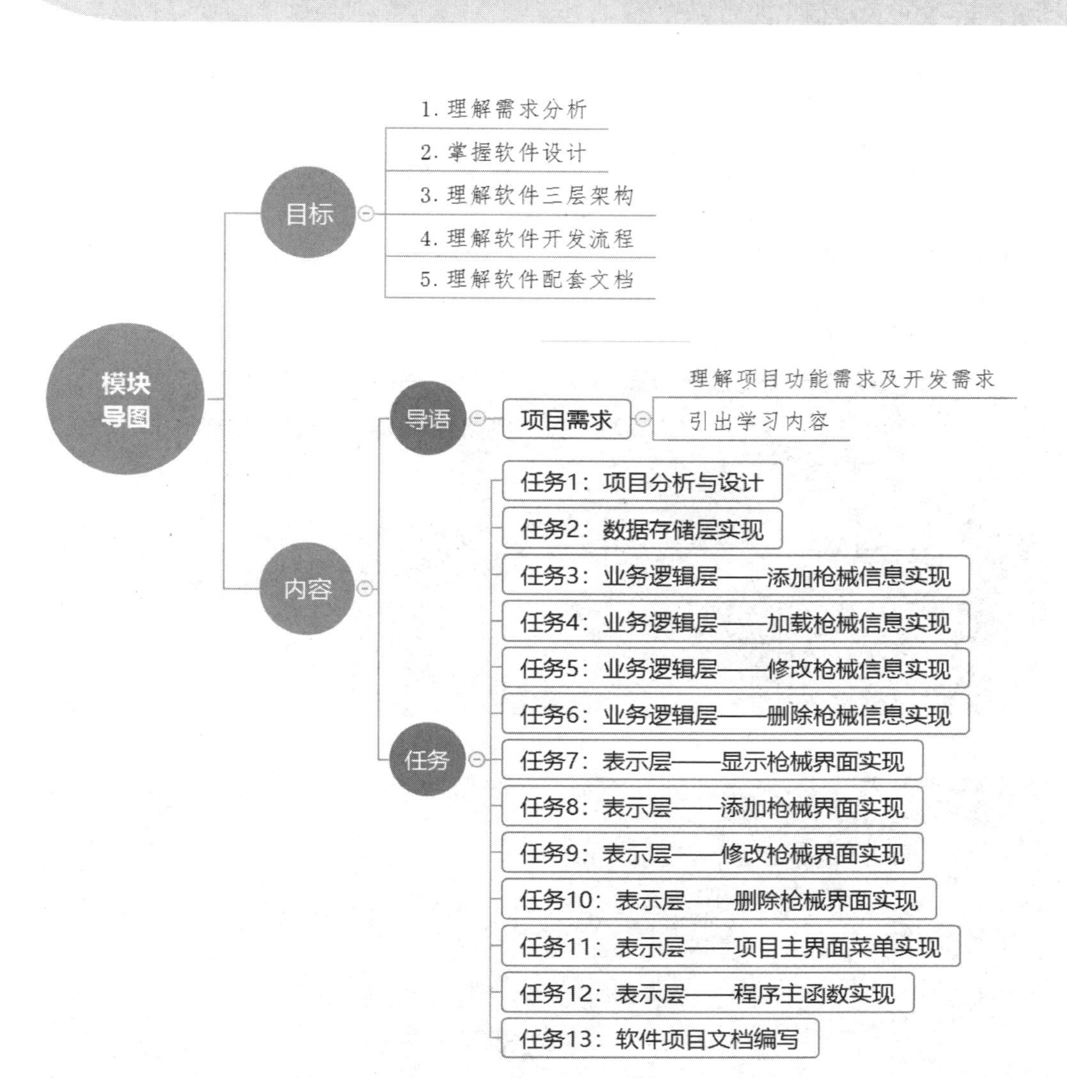

项目需求

本模块进入了 C 语言第三阶段的学习。将按完整的软件项目开发流程进行设计，综合应用 C 语言的相关知识完成一个完整的软件项目。

项目名称：吃鸡游戏枪械信息管理系统。

综合项目
(吃鸡游戏枪械信息管理)

1. 功能需求

功能 1：实现枪械信息的显示；

功能 2：实现枪械信息的添加；

功能 3：实现枪械信息的修改；

功能 4：实现枪械信息的删除。

2. 开发要求

（1）项目架构：采用软件三层架构开发。

表示层：实现枪械信息的显示、添加、修改、删除、菜单等界面；

业务逻辑层：实现枪械信息的加载、添加、修改、删除等业务功能；

数据存储层：采用本地文本文档实现枪械信息的存储。

（2）软件文档：编写软件项目配套需求说明书、概要设计文档、用户操作手册等文档。

3. 参考效果

该项目实现“吃鸡游戏枪械信息管理系统”后的功能参考如图 9.1 至图 9.4 所示。

```
**************************************************吃鸡游戏枪械信息管理**************************************************
编号  类型    名称       口径(mm)  弹夹容量(发)  基础伤害值  子弹初速(m/s)  射击间隔(s)  特性
 1    手枪    P18C       9.00      17            19          375            0.060        射速较快
 2    冲锋枪  MicroUZI   9.00      25            23          350            0.048        机动性强，射速极快
 3    步枪    M416       5.56      30            43          880            0.086        稳定性强，垂直后坐力小
 4    狙击枪  Kar98k     7.62      5             72          760            1.900        单发伤害高

功能操作
        1.添加枪械
        2.修改枪械
        3.删除枪械
        0.退出系统
请输入你要操作的功能号:
```

图 9.1　主界面示意

```
枪械管理>添加枪械界面
请输入枪械类型：轻机枪
请输入枪械名称：M249
请输入枪械口径(mm)：5.56
请输入弹夹容量(发）：75
请输入基础伤害值：44
请输入子弹初始速度(m/s)：350
请输入射击间隔：0.075
请输入特性：载弹量极高，换弹速度慢
添加成功！是否继续添加(Y/N)?
```

图 9.2　添加界面示意

```
**********************************************************吃鸡游戏枪械信息管理**********************************************************
编号   类型      名称       口径(mm)   弹夹容量(发)   基础伤害值   子弹初速(m/s)   射击间隔(s)   特性
 1     手枪      P18C       9.00       17             19           375             0.060         射速较快
 2     冲锋枪    MicroUZI   9.00       25             23           350             0.048         机动性强，射速极快
 3     步枪      M416       5.56       30             43           880             0.086         稳定性强，垂直后坐力小
 4     狙击枪    Kar98k     7.62       5              72           760             1.900         单发伤害高
 5     轻机枪    M249       5.56       75             44           350             0.075         载弹量极高，换弹速度慢

请输入要被修改的枪械的编号[0：返回主界面]：
```

图 9.3　修改界面示意

```
**********************************************************吃鸡游戏枪械信息管理**********************************************************
编号   类型      名称       口径(mm)   弹夹容量(发)   基础伤害值   子弹初速(m/s)   射击间隔(s)   特性
 1     手枪      P18C       9.00       17             19           375             0.060         射速较快
 2     冲锋枪    MicroUZI   9.00       25             23           350             0.048         机动性强，射速极快
 3     步枪      M416       5.56       30             43           880             0.086         稳定性强，垂直后坐力小
 4     狙击枪    Kar98k     7.62       5              72           760             1.900         单发伤害高
 5     轻机枪    M249       5.56       75             44           350             0.075         载弹量极高，换弹速度慢

请输入要删除的枪械的编号[0：返回主界面]：
```

图 9.4　删除界面示意

任务 1　项目分析与设计

目标描述

任务描述

- **目标及要求**

通过对“吃鸡游戏枪械信息管理系统”项目的需求分析完成系统设计。

具体要求如下：

（1）完成项目架构的设计；

（2）完成各功能流程图的设计；

（3）完成项目的创建。

学习活动 1　接领任务

领任务单
● 任务确认 完成“吃鸡游戏枪械信息管理系统”项目的系统设计。 具体要求如下： （1）完成项目软件三层架构的设计，并绘制相应设计图； （2）利用专业绘制软件完成各功能流程图的设计； （3）在 CodeBlocks 软件中完成项目的创建。 ● 确认签字 --

学习活动 2　分析任务

分析任务
本任务要实现项目设计，就要按要求实现以下内容。 **1．完成项目软件三层架构的设计** “吃鸡游戏枪械信息管理系统”项目采用软件三层架构开发。 （1）表示层：实现项目的界面操作（在 main.c 中实现），可实现枪械信息的显示、添加、修改、删除、菜单等界面函数。 （2）业务逻辑层：实现项目业务功能（单独在头文件中实现），可实现枪械信息的加载、添加、修改、删除功能函数。 （3）数据存储层：采用本地文本文档实现枪械信息的存储（保存在文本文件中）。 **2．完成各功能流程图的设计** 用专业的绘制软件完成项目所有功能流程图的设计与绘制。 **3．完成项目的创建** 在 CodeBlocks 软件中按设计完成项目的创建，做好后续开发的准备。

学习活动 3　制定方案

实现本任务方案
● 实现思路 通过对本任务的分析及相关知识学习，制定方案如下： （1）设计项目对应三层架构设计； （2）绘制各功能业务流程图； （3）在 CodeBlocks 软件中进行项目的创建，并完成三层框架的设计。

● 实现步骤

（1）在 Visio 软件中绘制三层架构图，并确定各层的文件名及相应函数名。

（2）在 Visio 软件中绘制添加、修改、删除、加载功能的详细业务流程图。

（3）在 CodeBlocks 软件中完成项目的创建，并创建三层架构对应的文件。

学习活动 4　实施实现

任务实现

● 实现参考

1．项目三层架构设计的实现

通过以上分析，对“吃鸡游戏枪械信息管理系统”项目的架构设计如图 9.5 所示。

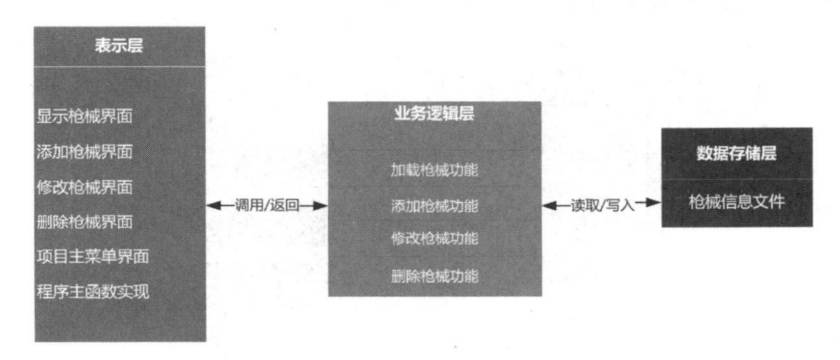

图 9.5　三层架构设计示意

表示层：对应 main.c 文件，在其中实现添加、修改、删除等界面功能；

业务逻辑层：对应 GunManage.h 文件，在其中实现具体的加载添加、删除、修改、功能；

数据存储层：对应文件 guninfo.txt 文件，用于存放数据。

具体功能都以单独的函数进行实现，详细设计如图 9.6 所示。

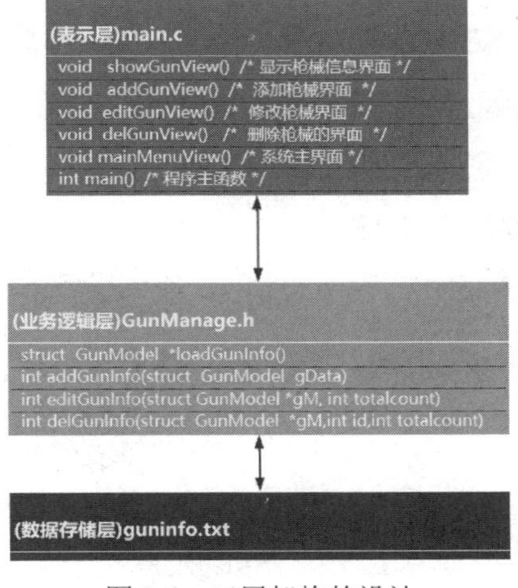

图 9.6　三层架构的设计

2．各功能业务流程设计实现

三层架构的设计完成后，再对项目中各功能模块的详细业务流程进行设计，具体如图 9.7 至图 9.10 所示。

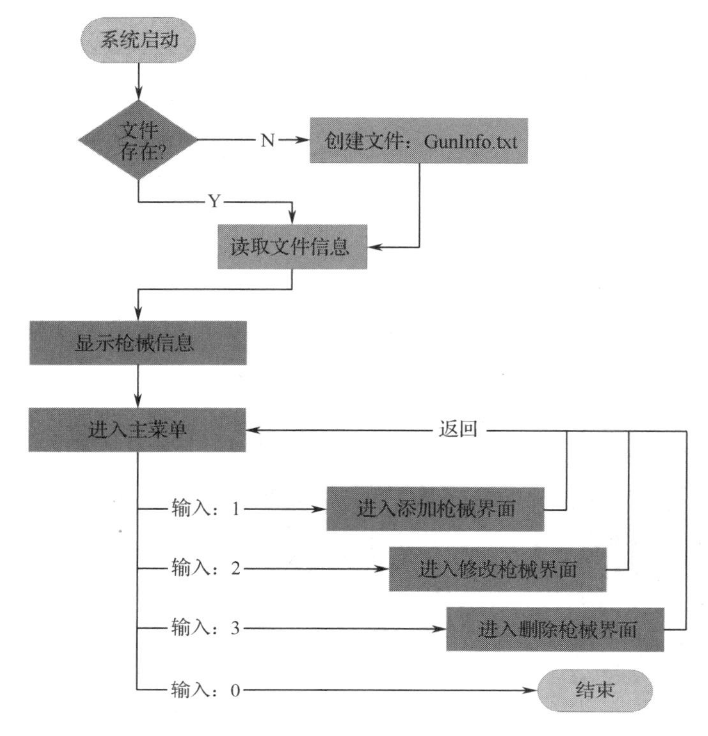

图 9.7　系统主界面流程

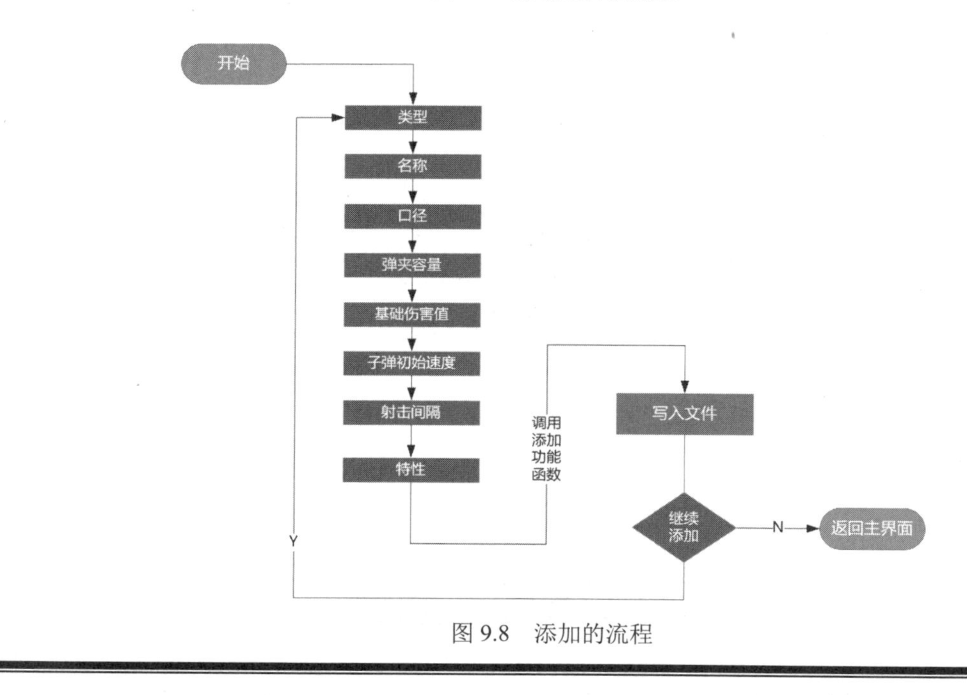

图 9.8　添加的流程

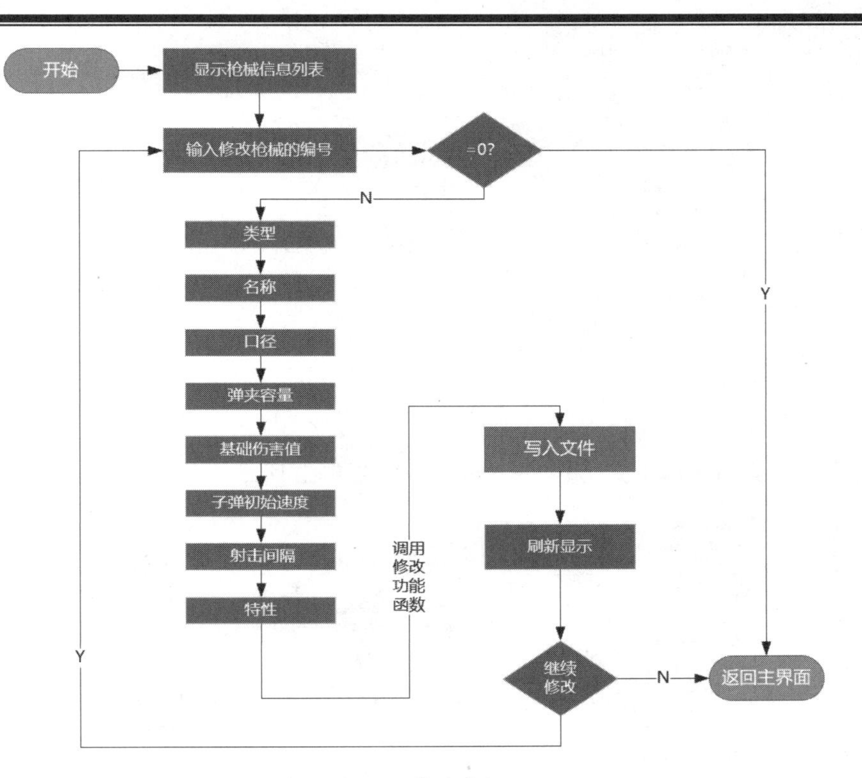

图 9.9 修改流程

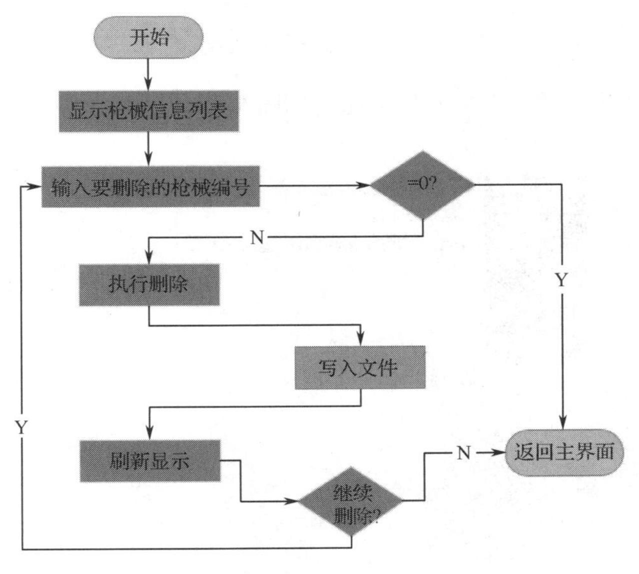

图 9.10 删除流程

3．创建项目实现

（1）打开 CodeBlocks 软件，创建项目 theGunInfo，具体操作步骤如下。

① 执行“File”→“New”→“Project...”，如图 9.11 所示。

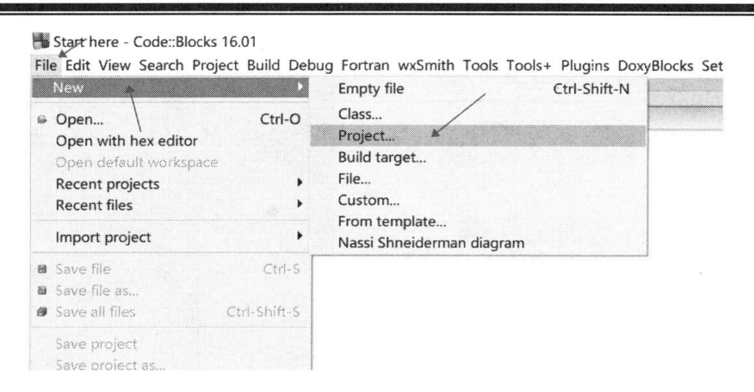

图 9.11　创建项目

② 选择“Console application”→“Go”，如图 9.12 所示。

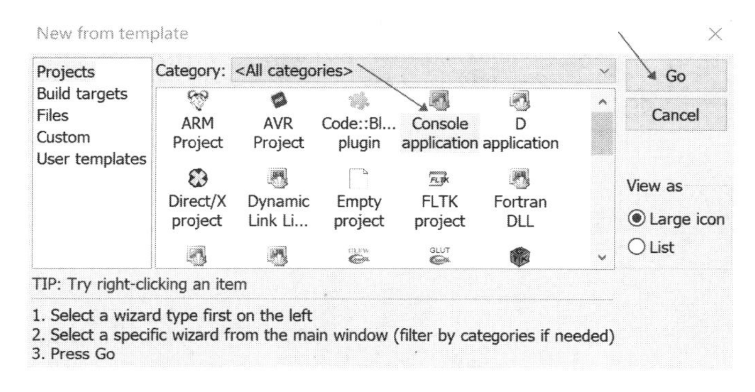

图 9.12　选择项目类型

③ 选择“C”语言，单击“Next”按钮，如图 9.13 所示。

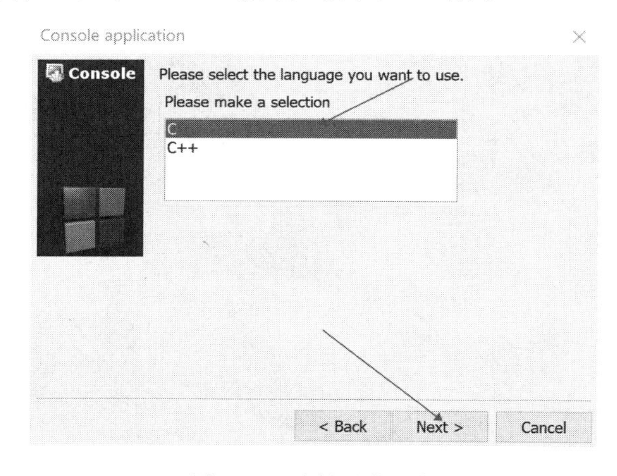

图 9.13　选择开发语言

④ 输入项目名称 theGunInfo，单击“Next”按钮，如图 9.14 所示。

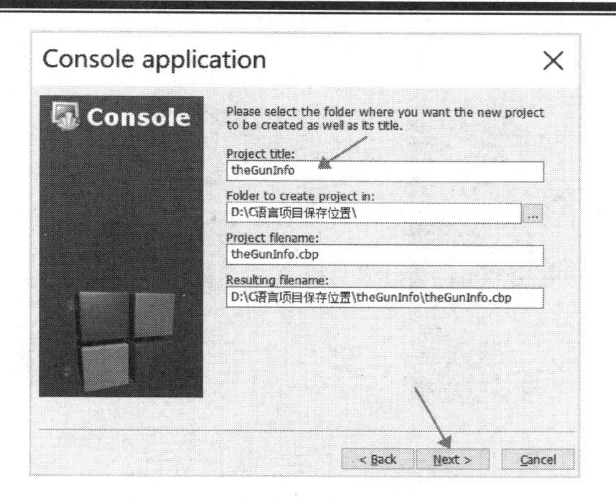

图 9.14 填写项目信息

（2）创建头文件 GunManage.h，具体步骤如下：

① 选中项目名称。

② 执行“File”→“New”→“File...”，如图 9.15 所示。

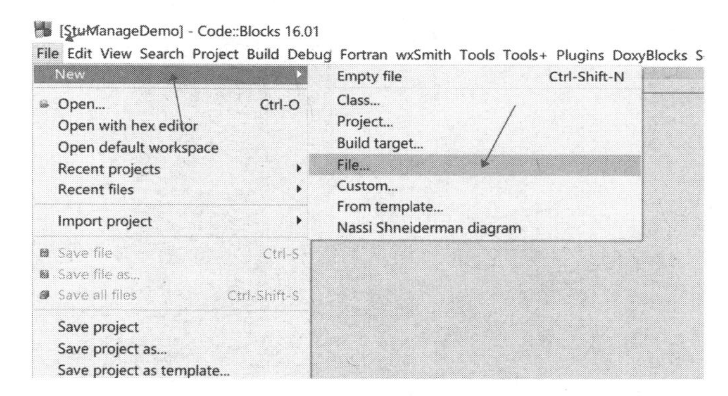

图 9.15 创建头文件

③ 选择“C/C++ header”→“Go”，如图 9.16 所示。

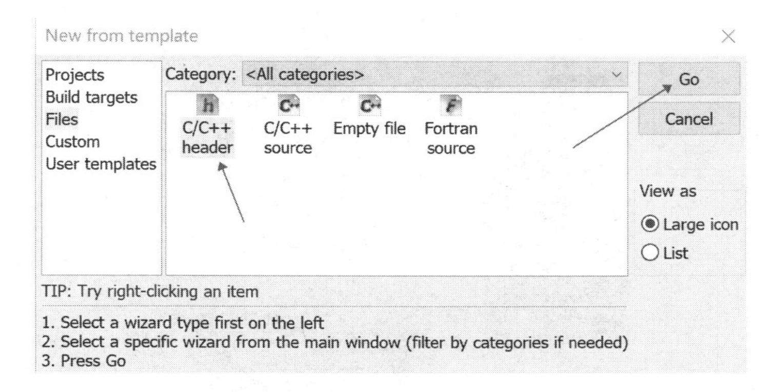

图 9.16 选择头文件

④ 单击“浏览”按钮，如图 9.17 所示。

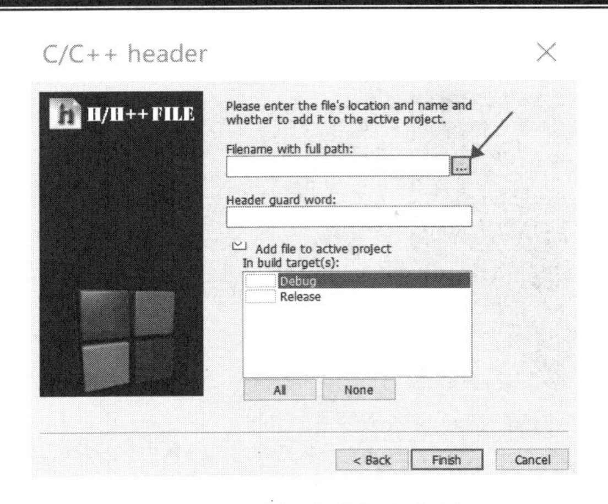

图 9.17　选择文件保存位置

⑤ 输入文件名 GunManage.h，并单击“保存”按钮，如图 9.18 所示。

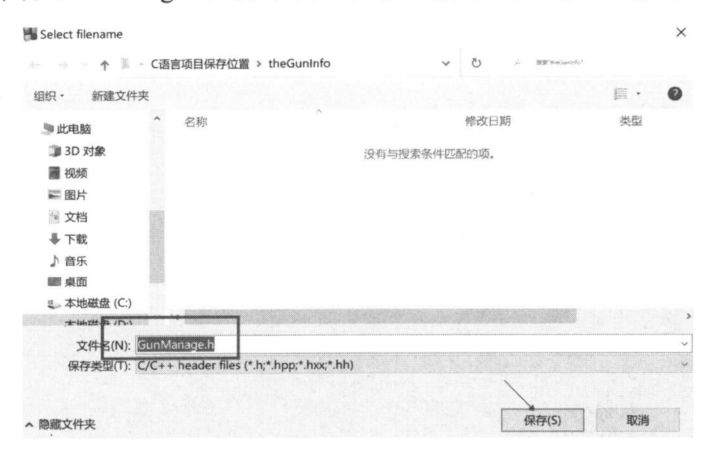

图 9.18　保存头文件

⑥ 直接单击“Finish”按钮，如图 9.19 所示。

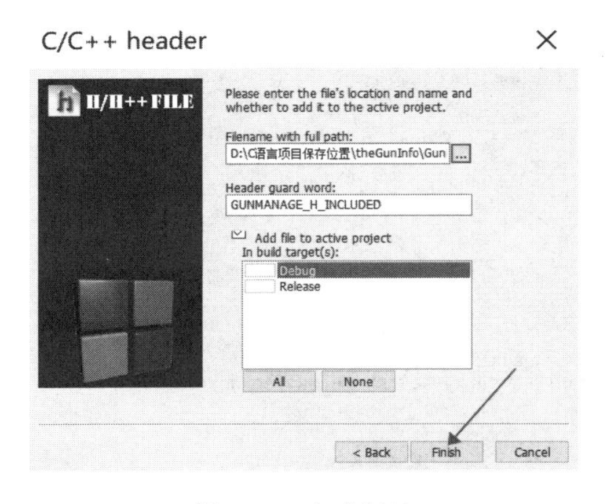

图 9.19　完成创建

⑦ 项目已完成头文件的创建，在项目中增加了一个 Headers 目录，在这个目录中就是新创建的头文件 GunManage.h。将文件内容选中并删除，如图 9.20 所示。

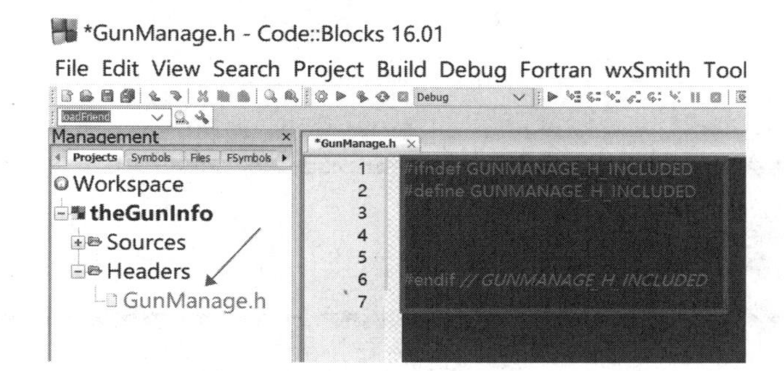

图 9.20 删除头文件中默认的代码

学习活动 5 测试验收

任务测试验收单

● **实现效果**

“吃鸡游戏枪械信息管理系统”项目创建已完成，运行程序没有报错，并能看到“Hello World!”即表示成功。

按制定方案进行任务实现，在正确的情况下，任务运行效果如图 9.21 所示。

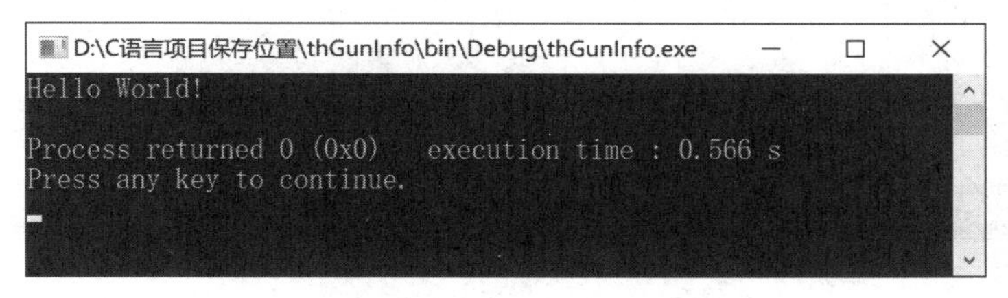

图 9.21 任务运行效果

● **验收结果**

序　号	验 收 内 容	实 现 效 果				
		A	B	C	D	E
1	任务要求的功能实现情况					
2	使用代码的规范性（变量命名、注释说明）					
3	流程图绘制情况					
4	项目创建实现情况					
5	团队协作					

说明：在实现效果对应等级中打“√”。

● 验收评价

验收签字

学习活动 6 总结拓展

任务总结与拓展

● 实现效果

通过对“吃鸡游戏枪械信息管理系统”项目的需求分析，完成系统设计。

（1）完成项目三层架构的设计；

（2）完成各功能流程图的设计；

（3）完成项目的创建。

● 技术层面

利用 Visio 软件实现流程图绘制。

理解软件三层架构。

● 任务小结（请在此记录你在本任务中对所学知识的理解与实现本任务的感悟等）

任务 2 数据存储层实现

目标描述

任务描述

● 目标及要求

根据项目设计，实现数据存储层。

具体要求如下：

（1）数据结构的设计；

（2）数据文件的创建；

（3）结构体的创建。

学习活动1 接领任务

领任务单

- 任务确认

本任务可实现项目的数据存储层，具体要求实现如下：

（1）分析数据，并完成系统数据结构的设计；

（2）完成数据文件的创建；

（3）根据数据结构，在程序中完成对应数据结构体的创建。

- 确认签字

学习活动2 分析任务

分析任务

在“吃鸡游戏枪械信息管理系统”项目中，可以实现对各类枪械（如手枪、冲锋枪、霰弹枪、步枪、狙击枪）的相关信息管理。本任务要求完成枪械信息的条数及对应程序中数据类型的确定。

学习活动3 制定方案

实现本任务方案

- 实现思路

通过对本任务的分析及相关知识学习，制定方案如下：

（1）确定枪械信息的结构，暂定为8个方面的信息；

（2）在上次创建的项目中创建保存数据的文件；

（3）在项目中编写对应的结构体。

- 实现步骤

（1）分析枪械信息的结构，确定有8个方面的信息；

（2）找到项目所在位置，创建保存数据的文件；

（3）在CodeBlocks软件中打开上次创建的项目，并在GunManage.h中完成结构体的创建。

学习活动4 实施实现

任务实现

- 实现参考

1. 数据结构设计实现

实现对“吃鸡游戏枪械信息管理系统”项目中枪械信息的管理，具体如表所示。

枪械信息数据结构

类型	名称	口径（mm）	弹夹容量（发）	基础伤害值	子弹初速（m/s）	射击间隔（s）	特性
手枪	P18C	9	17	19	375	0.06	射速较快
冲锋枪	MicroUZI	9	25	23	350	0.048	机动性强，射速极快
步枪	M416	5.56	30	43	880	0.086	稳定性强，垂直后坐力小
狙击枪	Kar98k	7.62	5	72	760	1.9	单发伤害高

2．数据文件的实现

上面已经确定本任务将管理枪械 8 个方面的信息，这些信息采用文本文件形式保存。数据存储文件名定义为 guninfo.txt。在文本文件中一个枪械的 8 个方面的信息保存为一行，各信息之间以一个空格分隔开，如图 9.22 所示。

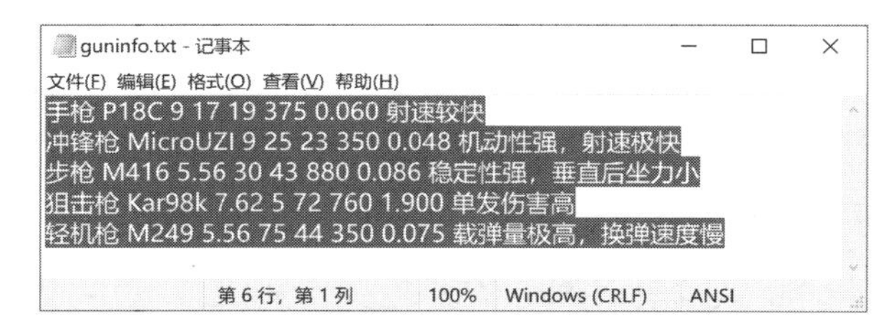

图 9.22　数据文件示意图

实现步骤如下：

（1）在计算机中找到枪械信息管理项目，并进入该目录中；

（2）在空白区域右击，执行“新建”→“文本文档”，以创建文件，如图 9.23 所示。

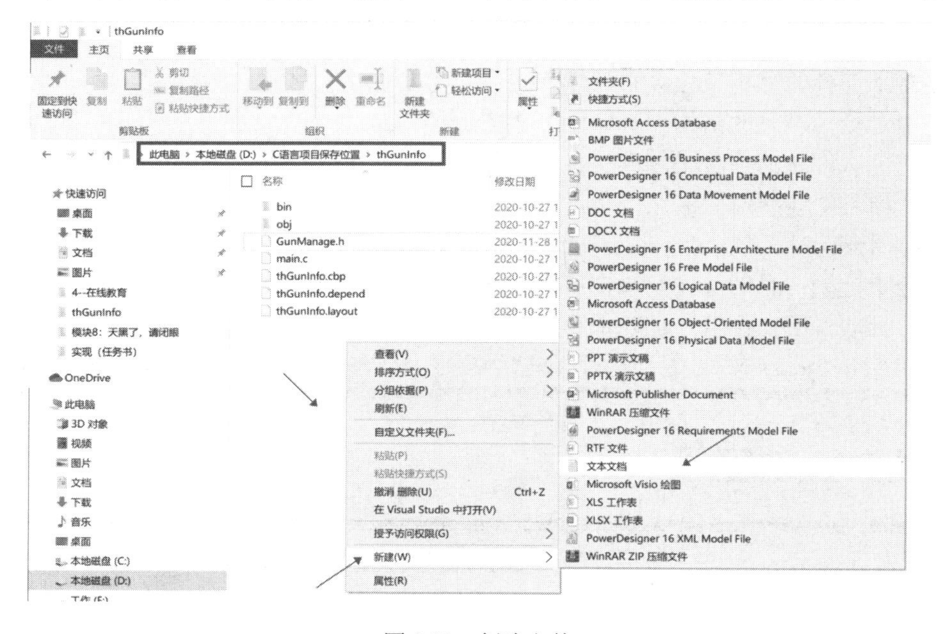

图 9.23　创建文件

（3）将文件名修改为 guninfo，即可，如图 9.24 所示。

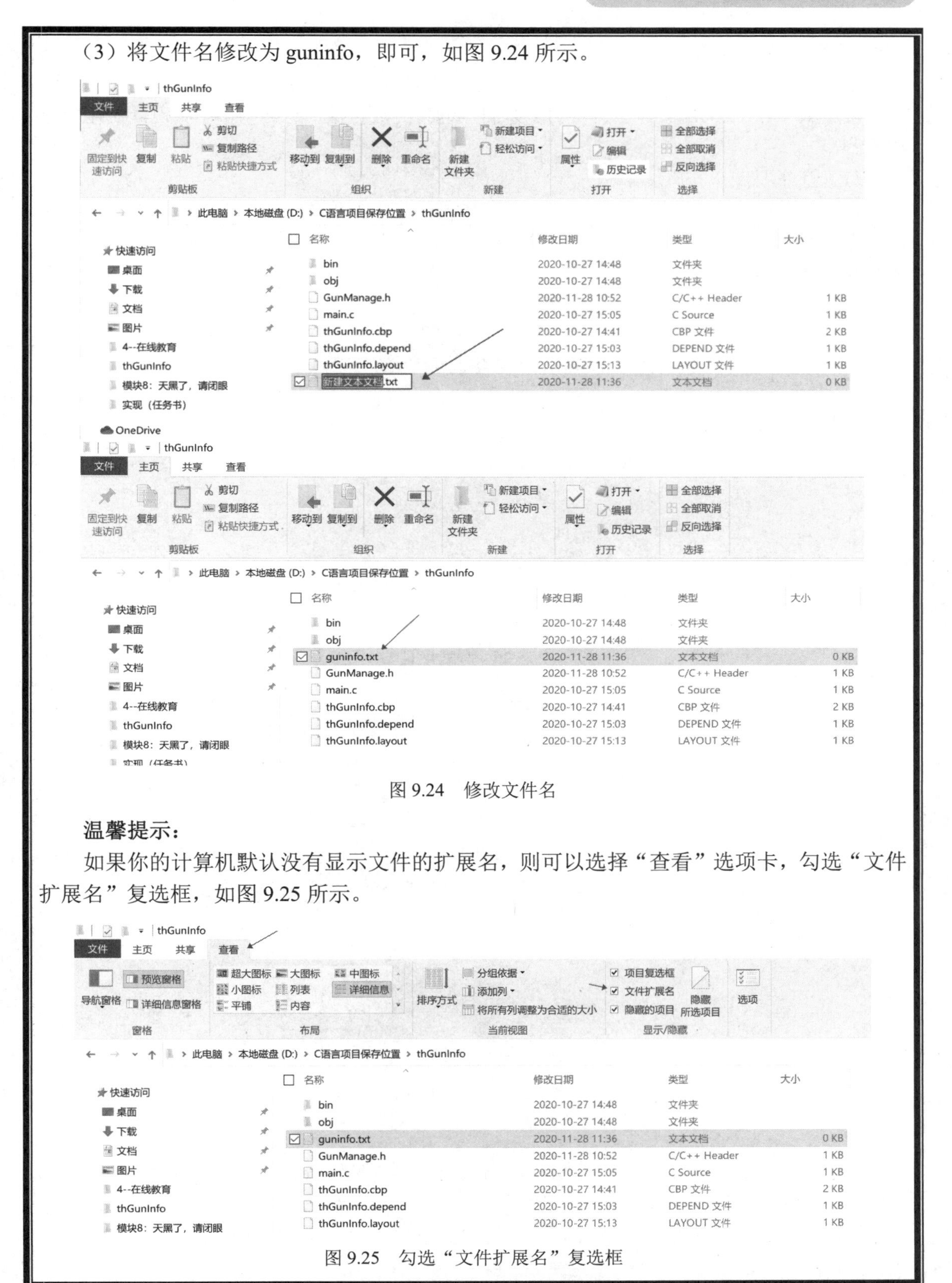

图 9.24　修改文件名

温馨提示：

如果你的计算机默认没有显示文件的扩展名，则可以选择“查看”选项卡，勾选“文件扩展名”复选框，如图 9.25 所示。

图 9.25　勾选“文件扩展名”复选框

3．项目结构体实现

通过上面的步骤，在项目目录中创建了存储数据的文件 guninfo.txt。

接下来，在 CodeBlocks 软件中打开项目，即可完成枪械信息结构体的实现，具体步骤如下。

（1）打开项目

启动 CodeBlocks 软件，执行“File”→“Open…”，弹出“Open file”对话框，找到项目保存的位置，进入项目的目录，勾选项目的 CBP 文件，单击“打开”按钮以打开项目，如图 9.26 和图 9.27 所示。

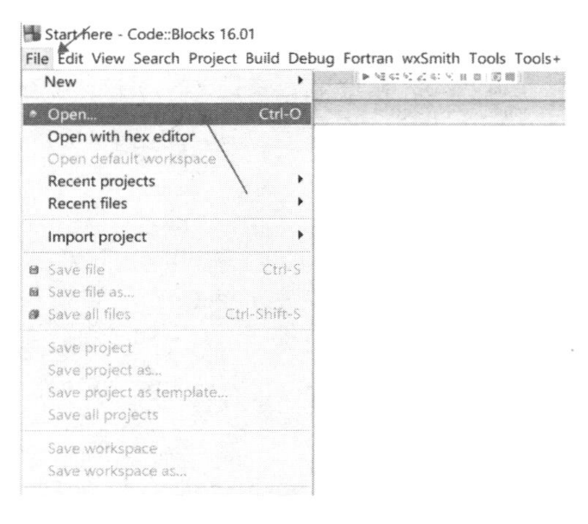

图 9.26　打开项目

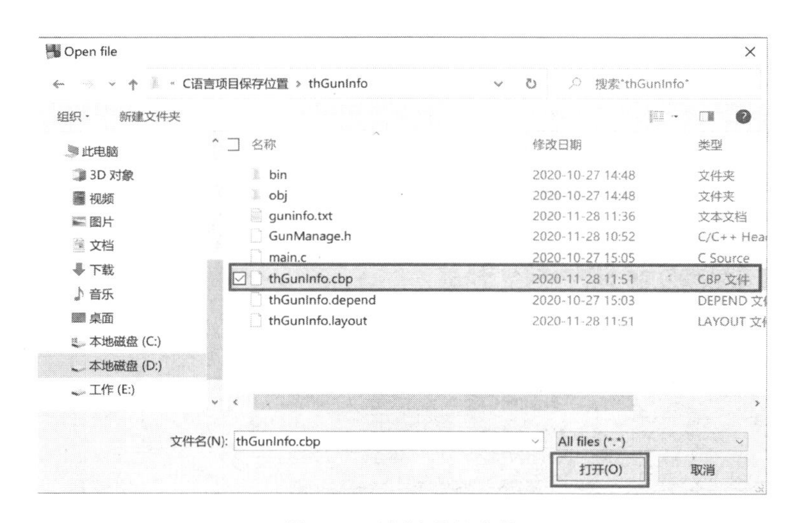

图 9.27　选择项目文件

（2）打开 GunManage.h 文件

展示项目的 Headers，双击 GunManage.h 文件，进入编辑状态，如图 9.28 所示。

（3）实现结构体

由于在任务 1 中创建 GunManage.h 文件时，已将文件中的内容删除了，所以本任务进入该文件时，里面是一片空白。

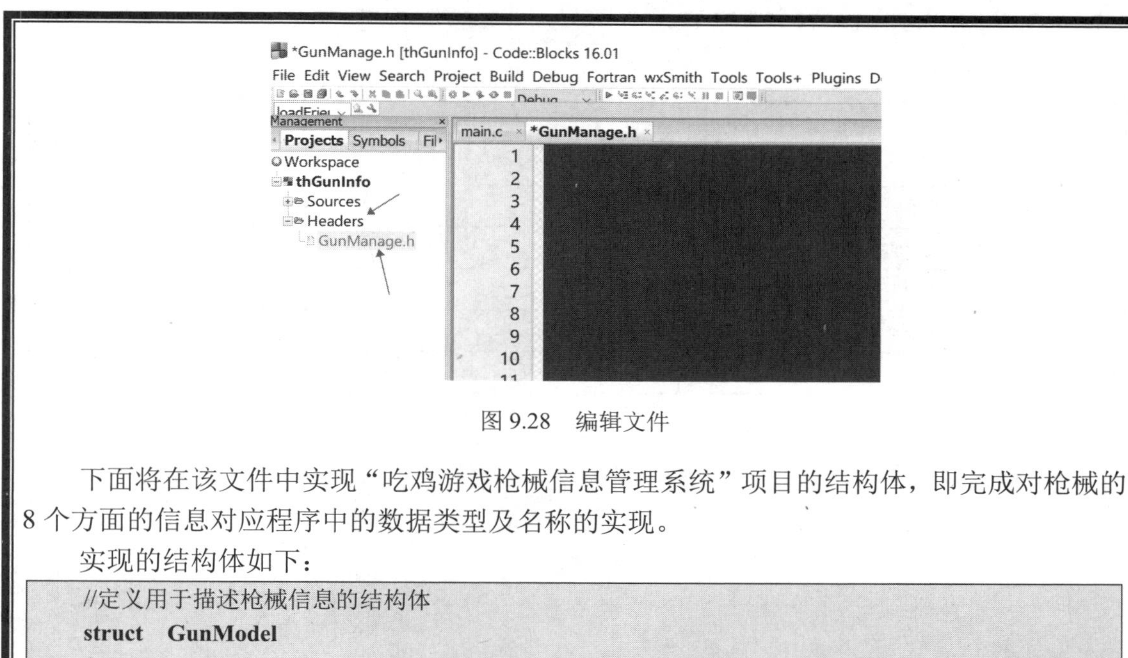

图 9.28　编辑文件

下面将在该文件中实现“吃鸡游戏枪械信息管理系统”项目的结构体，即完成对枪械的8个方面的信息对应程序中的数据类型及名称的实现。

实现的结构体如下：

```
//定义用于描述枪械信息的结构体
struct   GunModel
{
    char   NX[50];      //类型
    char   MC[50];      //名称
    float KJ;           //口径(mm)
    int    RL;          //弹夹容量
    int    SH;          //基础伤害值
    int    SS;          //子弹初始速度(m/s)
    float SJJG;         //射击间隔
    char   TX[50];      //特性
};
```

学习活动 5　测试验收

任务测试验收单

● 实现效果

实现了项目数据存储文件的创建，以及对应结构体的设计。如果运行程序能够看到以下界面，则说明本任务顺利完成，如图 9.29 所示。

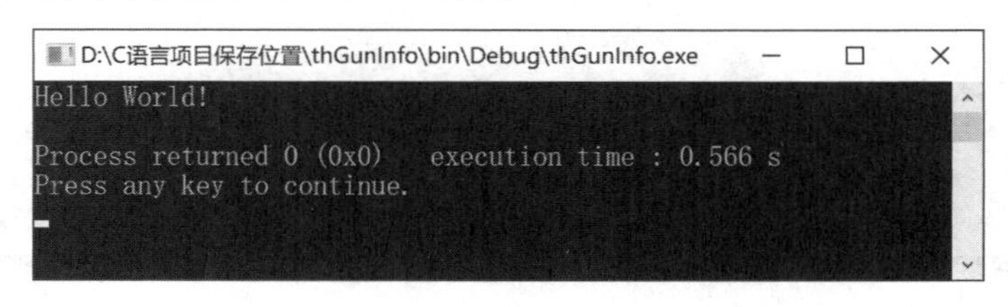

图 9.29　任务运行效果

- 验收结果

序　　号	验 收 内 容	实 现 效 果				
		A	B	C	D	E
1	任务要求的功能实现情况					
2	使用代码的规范性（变量命名、注释说明）					
3	数据结构设计情况					
4	结构体定义情况					
5	团队协作					

说明：在实现效果对应等级中打“√”。

- 验收评价

验收签字 --------------------------------

学习活动 6　总结拓展

任务总结与拓展

- 实现效果

完成“吃鸡游戏枪械信息管理系统”项目数据存储层的实现，完成内容如下：

（1）枪械信息数据结构的设计；

（2）存放枪械信息数据文件的创建；

（3）枪械信息结构体的创建。

- 技术层面

数据结构设计。

数据文件创建。

结构体定义。

- 任务小结（请在此记录你在本任务中对所学知识的理解与实现本任务的感悟等）

任务3　业务逻辑层——添加枪械信息实现

目标描述

任务描述
● 目标及要求 根据项目设计，完成业务逻辑层添加枪械信息的功能。 具体要求如下： 在业务逻辑层（GunManage.h）中，实现添加枪械信息的功能函数。

学习活动1　接领任务

领任务单
● 任务确认 实现业务逻辑层添加功能。 具体要求如下： （1）正确实现业务逻辑层添加枪械信息功能函数； （2）命名规范，注释清晰。 ● 确认签字 --

学习活动2　分析任务

分析任务
实现“吃鸡游戏枪械信息管理系统”项目业务逻辑层添加枪械信息的功能，该功能能够接收表示层的数据，将数据正确写入文件中，并进行保存，从而实现信息的添加。 以单独函数的方式实现。

学习活动3　制定方案

实现本任务方案
● 实现思路 实现“吃鸡游戏枪械信息管理系统”项目中业务逻辑层添加枪械信息的功能函数，具体思路如下。 （1）函数名称：addGunInfo。 （2）函数输入：保存枪械信息的结构体。

（3）函数功能：将接收结构体中的数据按指定格式写入文件中。

（4）函数返回：操作完成后，返回操作，具体如图 9.30 所示。

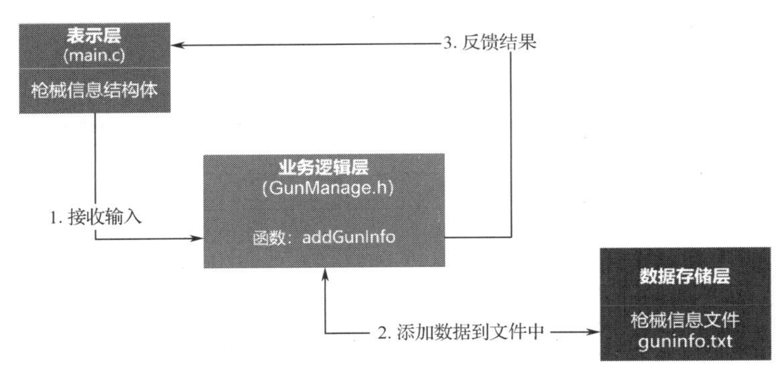

图 9.30　业务逻辑层添加功能示意

● 实现步骤

（1）打开之前创建好的项目；

（2）在业务逻辑层（GunManage.h）中完成。

学习活动 4　实施实现

任务实现

● 实现参考

通过上面的分析，进入 CodeBlocks 软件实现添加枪械信息功能函数，实现步骤如下。

（1）打开 GunManage.h 文件。展示项目的 Headers，双击 GunManage.h 文件，进入编辑状态。

（2）实现两个全局变量。

在已实现的结构体定义下方定义两个全局变量，为后续的开发做好准备，具体如图 9.31 所示。

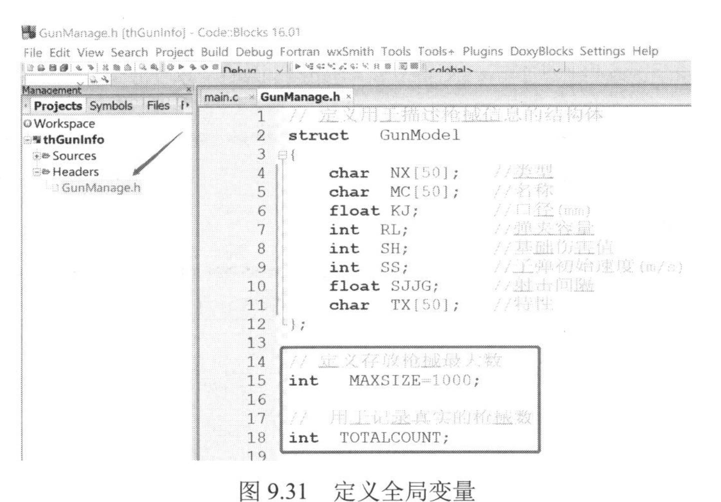

图 9.31　定义全局变量

（3）实现添加枪械信息功能函数。

根据上以分析，完成函数的功能编写，其代码如下。

```
int    MAXSIZE=1000;     //定义存放枪械的最大数
int   TOTALCOUNT;        //用于记录真实的枪械数
```

说明：

（1）写入文件时，一个枪械的 8 个方面的信息为一行数据。

（2）8 个方面的信息之间使用一个空格间隔。

（3）后续任务一样。

```
/**
*函数功能：实现将接收的结构体中的数据按指定格式写入文件中
*函数输入：@gData，保存枪械信息的结构体
*函数返回：1 为操作成功，0 为操作失败
*/
int addGunInfo(struct   GunModel   gData)
{
    int jieguo=1;   //用于返回状态
    FILE *fp=fopen("guninfo.txt","a");   //打开文件
    if(!fp)
    {
        jieguo=0;   //如果对文件操作有误
    }
    //按指定的格式将数据写入文件中
    fprintf(fp,"%s %s %f %d %d %d %.3f %s\n",
        gData.NX,gData.MC,gData.KJ,gData.RL,gData.SH,gData.SS,gData.SJJG,gData.TX);

    //关闭文件
    fclose(fp);
    //返回操作结果
    return jieguo;
}
```

学习活动 5 测试验收

任务测试验收单

● 实现效果

实现了业务逻辑层添加枪械信息功能函数。此时，运行程序应该能够看到如图 9.32 所示的界面，说明本任务已顺利完成。

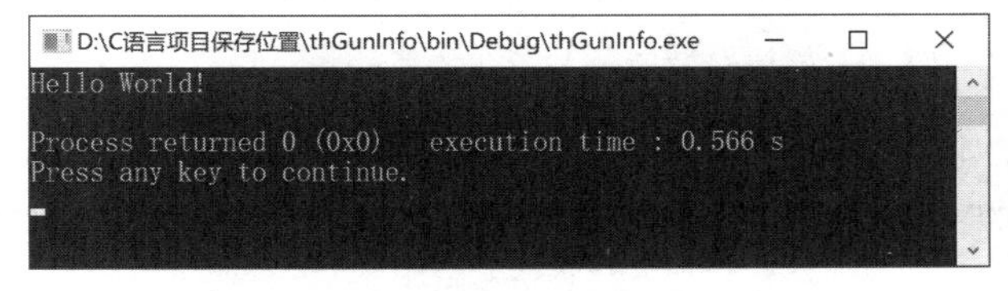

图 9.32 任务运行效果

● 验收结果

序　号	验 收 内 容	实 现 效 果				
		A	B	C	D	E
1	任务要求的功能实现情况					
2	使用代码的规范性（变量命名、注释说明）					
3	掌握知识的情况					
4	程序性能及健壮性					
5	团队协作					

说明：在实现效果对应等级中打“√”。

● 验收评价

验收签字________________

学习活动 6　总结拓展

任务总结与拓展

● 实现效果

在业务逻辑层（GunManage.h）中，完成“吃鸡游戏枪械信息管理系统”项目添加枪械信息的功能函数。

● 技术层面

分析设计。

函数定义。

● 任务小结（请在此记录你在本任务中对所学知识的理解与实现本任务的感悟等）

任务 4　业务逻辑层——加载枪械信息实现

目标描述

任务描述
● 目标及要求 根据项目设计，完成业务逻辑层加载枪械信息的功能。 具体要求如下： 在业务逻辑层（GunManage.h）中，实现加载枪械信息的功能函数。

学习活动 1　接领任务

领任务单
● 任务确认 实现业务逻辑层加载的功能，其具体要求如下： （1）实现业务逻辑层加载枪械信息的功能函数； （2）应命名规范，注释清晰。 ● 确认签字 --

学习活动 2　分析任务

分析任务
实现“吃鸡游戏枪械信息管理系统”项目的业务逻辑层加载枪械的信息功能，将保存在文件中的枪械信息读取出来，并以结构体的形式返回给表示层，从而实现信息的加载。 以单独函数的方式实现。

学习活动 3　制定方案

实现本任务方案
● 实现思路 实现“吃鸡游戏枪械信息管理系统”项目的业务逻辑层加载枪械信息的功能函数，其具体实现思路如下。 （1）函数名称：loadGunInfo； （2）函数输入：无； （3）函数功能：读取文件中的枪械信息，并保存到结构体数组中；

（4）函数返回：结构体数组，如图 9.33 所示。

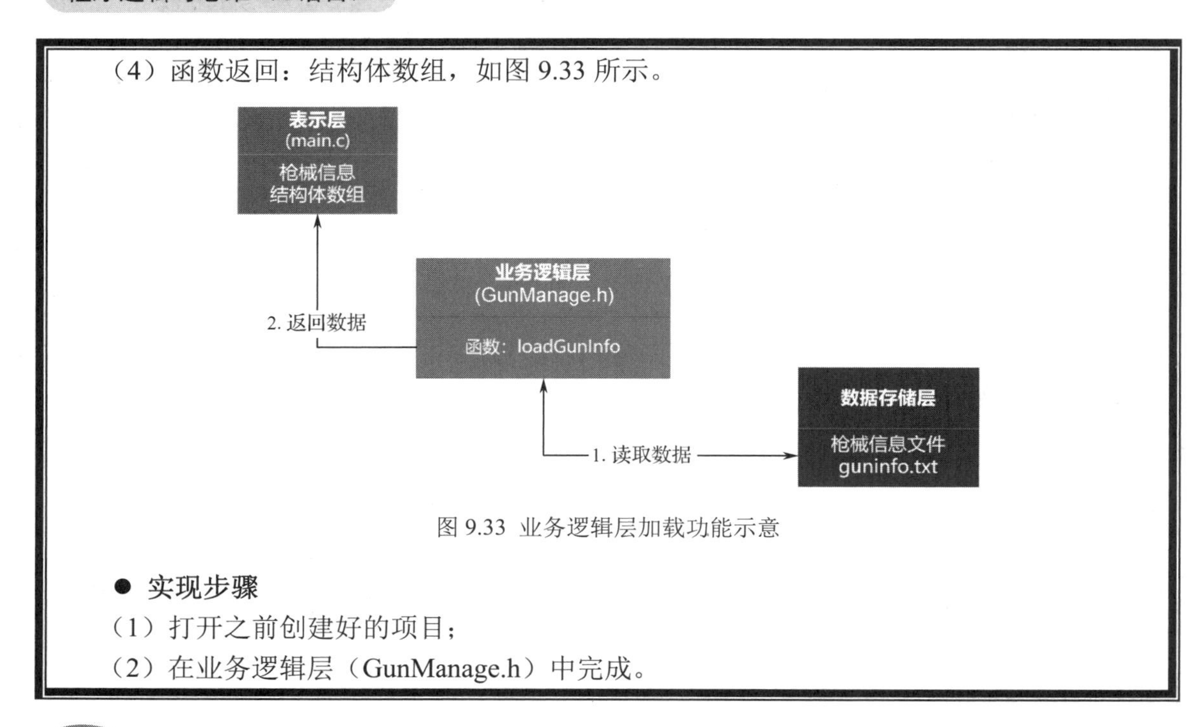

图 9.33 业务逻辑层加载功能示意

● **实现步骤**

（1）打开之前创建好的项目；

（2）在业务逻辑层（GunManage.h）中完成。

学习活动 4 实施实现

任务实现

● **实现参考**

通过上面的分析，进入 CodeBlocks 软件实现加载枪械信息的功能函数，其步骤如下。

（1）打开 GunManage.h 文件。

展示项目的 Headers，双击“GunManage.h”文件，进入编辑。

（2）实现加载枪械信息的功能函数。

根据上以分析，完成函数的功能编写，其代码如下：

```
/**
*函数功能：实现读取文件中的枪械信息，并保存到结构体数组中返回
*函数输入：无
*函数返回：结构体数组
*/
struct  GunModel  *loadGunInfo()
{
    FILE  *fp=fopen("guninfo.txt","r");  //以只读方式，打开文件
    //定义保存枪械信息的结构体数组
    struct  GunModel  gM[MAXSIZE];
    //读取到文件尾
    int  i=0;
    while(!feof(fp))
    {
        if(fscanf(fp,"%s %s %f %d %d %d %f %s\n",
```

```
                    &gM[i].NX,&gM[i].MC,&gM[i].KJ,&gM[i].RL,&gM[i].SH,
                    &gM[i].SS,&gM[i].SJJG,&gM[i].TX)==8)
            {
                i++;
            }
        }
        //记录真实的枪械数目
        TOTALCOUNT=i;
        //关闭文件
        fclose(fp);
        //返回结构体数组
        return   gM;
}
```

学习活动5　测试验收

任务测试验收单

● **实现效果**

实现了业务逻辑层加载枪械信息的功能函数。

此时，运行程序能够看到如图9.34所示的界面，说明本任务已顺利完成。

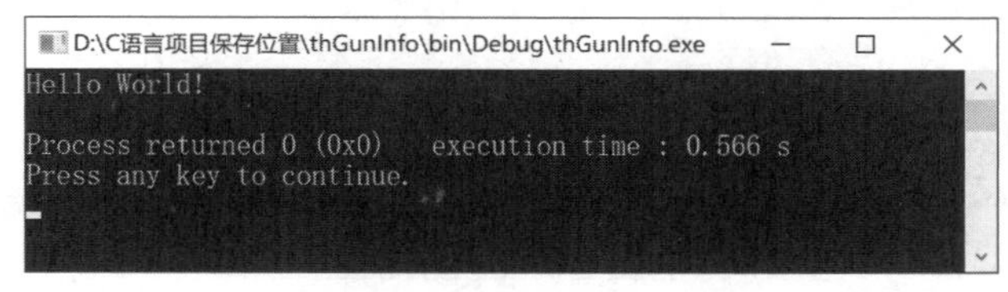

图9.34　任务运行效果

● **验收结果**

序　号	验 收 内 容	实 现 效 果				
		A	B	C	D	E
1	任务要求的功能实现情况					
2	使用代码的规范性（变量命名、注释说明）					
3	掌握知识的情况					
4	程序性能及健壮性					
5	团队协作					

说明：在实现效果对应等级中打“√”。

● **验收评价**

验收签字 ------------------------------

学习活动 6　总结拓展

任务总结与拓展
● 实现效果 在业务逻辑层（GunManage.h）中，实现了“吃鸡游戏枪械信息管理系统”项目加载枪械信息的功能函数。 ● 技术层面 分析设计。 函数定义。 ● 任务小结（请在此记录你在本任务中对所学知识的理解与实现本任务的感悟等） -------- -------- --------

任务 5　业务逻辑层——修改枪械信息实现

目标描述

任务描述
● 目标及要求 根据项目设计，完成业务逻辑层修改枪械信息的功能。 具体要求如下： 在业务逻辑层（GunManage.h）中，实现修改枪械信息的功能函数。

学习活动 1　接领任务

领任务单
● 任务确认 实现业务逻辑层的修改功能。具体要求如下： （1）正确完成业务逻辑层修改枪械信息的功能函数； （2）命名规范，注释清晰。 ● 确认签字 --------

学习活动 2　分析任务

分析任务

实现“吃鸡游戏枪械信息管理系统”项目业务逻辑层修改枪械的信息功能，该功能可将表示层传出的新数据重新写入文件中，从而实现信息的修改。

以单独函数的方式实现。

学习活动 3　制定方案

实现本任务方案

- 实现思路

实现“吃鸡游戏枪械信息管理系统”项目业务逻辑层修改枪械信息的功能函数，具体实现思路如下。

（1）函数名称：editGunInfo；

（2）函数输入：结构体数组等内容；

（3）函数功能：将结构体中的新数据更新到文件中；

（4）函数返回：操作成功/失败，具体如图 9.35 所示。

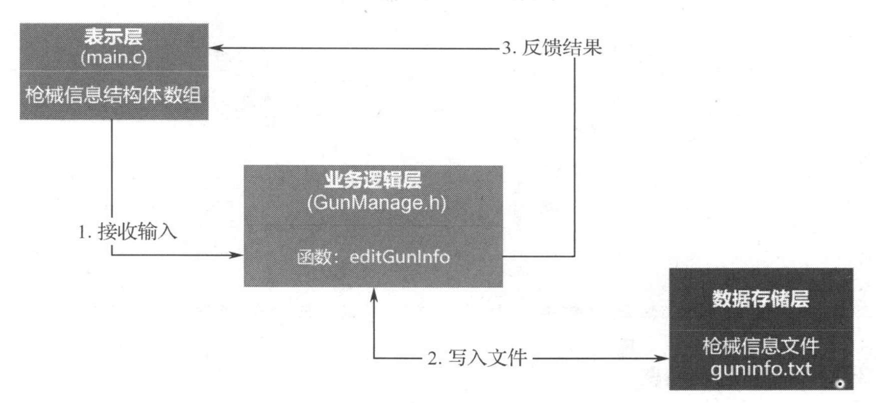

图 9.35　业务逻辑层修改功能示意

- 实现步骤

（1）打开之前创建好的项目；

（2）在业务逻辑层（GunManage.h）中完成。

学习活动 4　实施实现

任务实现

- 实现参考

通过上面的分析，进入 CodeBlocks 软件实现修改枪械信息功能函数，实现步骤如下。

（1）打开 GunManage.h 文件。

展示项目的 Headers，双击 GunManage.h 文件进入编辑。

（2）实现修改枪械信息功能函数。

根据上以分析，完成函数的功能编写，其代码如下：

```
/**
*函数功能：将结构体中的新数据更新到文件中
*函数输入：
*               @gM：保存枪械信息的一个结构体
*               @totalcount：枪械总数
*函数返回：1 为成功，0 为操作失败
*/
int editGunInfo(struct GunModel *gM, int totalcount)
{
    int   jieguo=1;
    //打开文件
    FILE *fp=fopen("guninfo.txt","w");
    if(!fp)
    {
        jieguo=0;   //如果对文件操作有误
    }
    //更新文件数据
    int i;
    for(i=0; i<totalcount; i++)
    {
        fprintf(fp,"%s %s %f %d %d %d %.3f %s\n",
                gM[i].NX,gM[i].MC,gM[i].KJ,gM[i].RL,gM[i].SH,gM[i].SS,
                gM[i].SJJG,gM[i].TX);
    }
    //关闭文件
    fclose(fp);
    return jieguo;
}
```

学习活动 5　测试验收

任务测试验收单

- 实现效果

实现了业务逻辑层修改枪械信息的功能函数。

此时，运行程序能够看到如图 9.36 所示的界面，说明本任务已顺利完成。

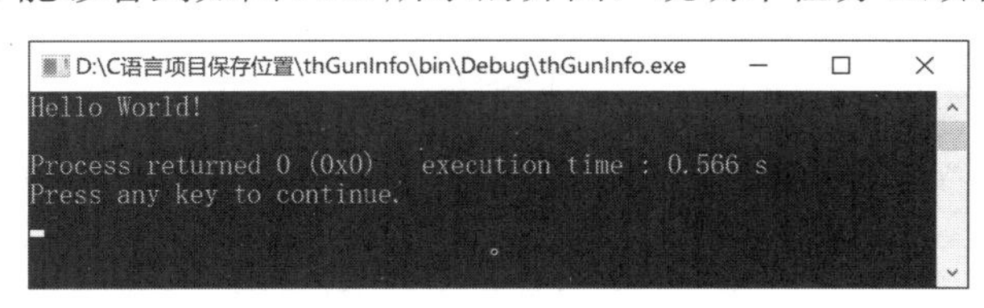

图 9.36　任务运行效果

- **验收结果**

序　　号	验 收 内 容	实 现 效 果				
		A	B	C	D	E
1	任务要求的功能实现情况					
2	使用代码的规范性（变量命名、注释说明）					
3	掌握知识的情况					
4	程序性能及健壮性					
5	团队协作					

说明：在实现效果对应等级中打“√”。

- **验收评价**

验收签字--

学习活动 6　总结拓展

任务总结与拓展

- **实现效果**

在业务逻辑层（GunManage.h）中，完成“吃鸡游戏枪械信息管理系统”项目修改枪械信息的功能函数。

- **技术层面**

分析设计。

函数定义。

- **任务小结**（请在此记录你在本任务中对所学知识的理解与实现本任务的感悟等）

任务 6　业务逻辑层——删除枪械信息实现

目标描述

任务描述

- 目标及要求

根据项目设计，实现业务逻辑层删除枪械信息的功能，具体要求如下：

在业务逻辑层（GunManage.h）中，实现删除枪械信息的功能函数。

学习活动 1　接领任务

领任务单

- 任务确认

实现业务逻辑层的删除功能，具体要求如下：

（1）完成业务逻辑层删除枪械信息的功能函数；

（2）命名规范，注释清晰。

- 确认签字

学习活动 2　分析任务

分析任务

实现“吃鸡游戏枪械信息管理系统”项目业务逻辑层删除枪械信息的功能函数，该功能可将表示层传出的新数据重新写入文件中，从而实现信息的删除。

以单独函数的方式实现。

学习活动 3　制定方案

实现本任务方案

- 实现思路

实现“吃鸡游戏枪械信息管理系统”项目业务逻辑层删除枪械信息的功能函数，具体思路如下：

（1）函数名称：delGunInfo；

（2）函数输入：结构体数组等内容；

（3）函数功能：删除枪械信息；

（4）函数返回：操作成功/失败，具体如图 9.37 所示。

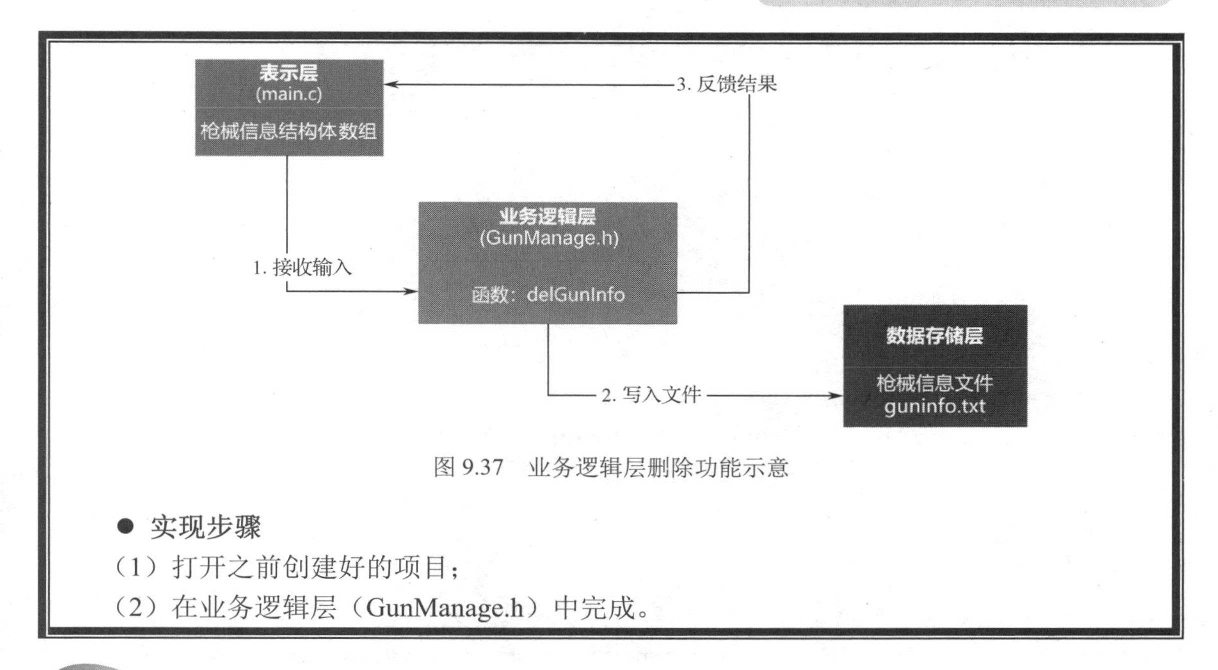

图 9.37　业务逻辑层删除功能示意

- **实现步骤**

（1）打开之前创建好的项目；

（2）在业务逻辑层（GunManage.h）中完成。

学习活动 4　实施实现

任务实现

- **实现参考**

通过上面的分析，进入 CodeBlocks 软件实现删除枪械信息的功能函数，其步骤如下：

（1）打开 GunManage.h 文件。

展示项目的 Headers，双击 GunManage.h 文件进入编辑状态。

（2）实现删除枪械信息的功能函数。

根据以上分析，完成函数的功能编写，其代码如下：

```
/**
*函数功能：实现删除枪械信息
*函数输入：
*@gM：枪械信息的结构体
*@id：被删除的枪械的编号
*@totalcount：枪械总数
*函数返回：1 为成功，0 为失败
*/
int delGunInfo(struct    GunModel    *gM,int id,int totalcount)
{
    int jieguo=1;
    //打开文件
    FILE *fp=fopen("guninfo.txt","w");
    if(!fp)
    {
        jieguo=0;
    }
```

```
        //删除功能的实现
        int i;
        for(i=0; i<totalcount; i++)
        {
            //id：删除枪械编号。跳过这个编号，不对其进行写操作，从而实现删除
            if(i==id-1)
            {
                continue;
            }
            //写数据
            fprintf(fp,"%s %s %f %d %d %d %.3f %s\n",
                    gM[i].NX,gM[i].MC,gM[i].KJ,gM[i].RL,gM[i].SH,gM[i].SS,
                    gM[i].SJJG,gM[i].TX);
        }
        //关闭文件
        fclose(fp);
        return jieguo;
    }
```

学习活动 5　测试验收

任务测试验收单

- **实现效果**

实现了业务逻辑层删除枪械信息的功能函数。

此时，运行程序看到如图 9.38 所示的界面，说明本任务已顺利完成。

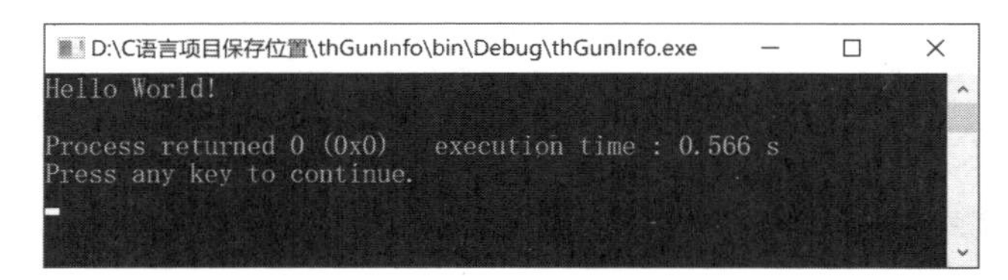

图 9.38　任务运行效果

- **验收结果**

序　　号	验 收 内 容	实 现 效 果				
		A	B	C	D	E
1	任务要求的功能实现情况					
2	使用代码的规范性（变量命名、注释说明）					
3	掌握知识的情况					
4	程序性能及健壮性					
5	团队协作					

说明：在实现效果对应等级中打“√”。

● 验收评价

验收签字------

学习活动6 总结拓展

任务总结与拓展
● 实现效果 在业务逻辑层（GunManage.h）中，完成“吃鸡游戏枪械信息管理系统”项目删除枪械信息的功能函数。 ● 技术层面 分析设计。 函数定义。 ● 任务小结（请在此记录你在本任务中对所学知识的理解与实现本任务的感悟等） ------ ------ ------

任务7 表示层——显示枪械界面实现

目标描述

任务描述
● 目标及要求 根据项目设计完成项目表示层，显示枪械信息的界面实现，具体要求如下： 在表示层（main.c）中，实现调用业务逻辑层（GunManage.h）中加载枪械信息的功能函数，获取数据，并显示在界面上。

学习活动1 接领任务

领任务单
● 任务确认 实现表示层显示枪械信息的界面，具体要求如下：

（1）正确完成表示层枪械信息界面的显示；
（2）单独以函数实现；
（3）命名规范，注释清晰。

- 确认签字

学习活动 2 分析任务

分析任务

实现表示层（main.c）显示枪械信息的界面，具体分析如下：
（1）在表示层中以函数实现，函数名称为 showGunView()；
（2）调用业务逻辑层（GunManage.h）中的函数 loadGunInfo 获取数据；
（3）设计显示界面，将枪械信息进行显示，具体如图 9.39 所示。

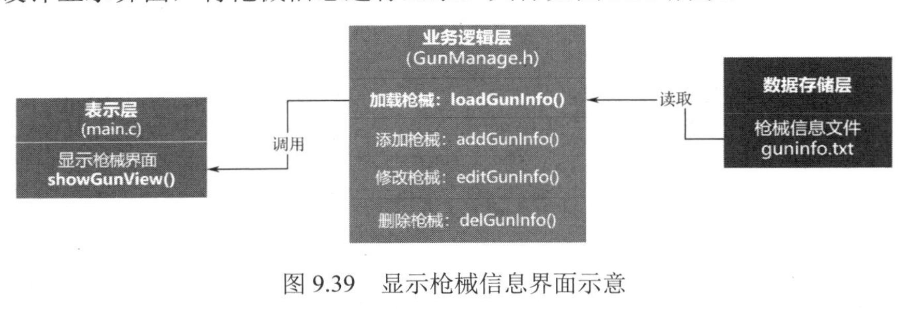

图 9.39　显示枪械信息界面示意

学习活动 3 制定方案

实现本任务方案

- 实现思路

实现表示层显示枪械信息的界面，采用函数实现，具体实现思路如下：
（1）函数名称：showGunView()；
（2）函数输入：无；
（3）函数功能：将调用业务逻辑层 loadGuninfo()返回的结构体数据进行显示；
（4）函数返回：无。

- 实现步骤

（1）打开之前创建好的项目；
（2）在表示层（main.c）中完成。

学习活动4　实施实现

任务实现

● 实现参考

通过上面的分析，进入项目实现显示枪械界面的函数。

● 实现步骤

（1）打开 main.c 文件。

展示项目的“Sources”，双击“main.c”文件，进入编辑状态。

（2）实现显示枪械界面的函数。

从本任务开始将进行表示层的界面实现，进入 main.c 文件中。

首先，定义一个枪械信息结构体的全局变量，使用该变量交互表示层与业务逻辑层的枪械信息。

其次，在全局结构体变量与 main()之间实现本任务，如图 9.40 所示。

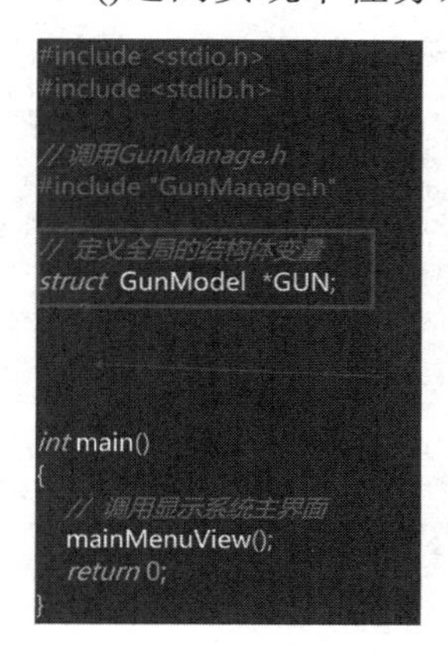

图 9.40　定义全局结构体变量

实现枪械信息显示的界面函数为 showGunView，其代码如下：

```
/* 显示枪械信息界面 */
void    showGunView()
{
    system("cls"); // 清屏幕
    printf("\n");
    printf("************************************************************吃鸡游戏枪械信息管理");
    printf("****************************************************************\n\n");
    printf("编号 \t 类型 \t\t 名称 \t\t 口径(mm)\t 弹夹容量(发) \t 基础伤害值 \t 子弹初速(m/s) \t
         射击间隔(s) \t 特性\n");
    printf("----------------------------------------------------------------------------------------------------------
         --------------------------\n");
    //  调用业务逻辑层加载枪械信息的函数
    GUN=loadGunInfo();
    // 循环显示所有枪械信息
    int i;
```

```
        for(i=0; i<TOTALCOUNT; i++)
        {
            printf("%3d \t %-8s \t %-10s \t %.2f \t\t %d \t\t %d \t\t %d \t\t\ %.3f \t\t %s \n",i+1,
              GUN[i].NX,GUN[i].MC,GUN[i].KJ,GUN[i].RL,GUN[i].SH,GUN[i].SS,
              GUN[i].SJJG,GUN[i].TX);
        }
printf("\n-------------------------------------------------------------------------------------------------------------------
----------------\n");
    }
```

学习活动 5　测试验收

任务测试验收单

● 实现效果

在 main 主函数中调用此函数，运行程序看到如图 9.41 所示的界面，说明本任务已顺利完成。

```
**************************************************************吃鸡游戏枪械信息管理**************************************************************
编号    类型        名称        口径(mm)        弹夹容量(发)    基础伤害值      子弹初速(m/s)   射击间隔(s)     特性
---------------------------------------------------------------------------------------------------------------------------------------
---------------------------------------------------------------------------------------------------------------------------------------
```

图 9.41　任务运行效果

● 验收结果

序　　号	验 收 内 容	实 现 效 果				
		A	B	C	D	E
1	任务要求的功能实现情况					
2	使用代码的规范性（变量命名、注释说明）					
3	掌握知识的情况					
4	程序性能及健壮性					
5	团队协作					

说明：在实现效果对应等级中打“√”。

● 验收评价

验收签字--

学习活动 6　总结拓展

任务总结与拓展
● 实现效果 在“吃鸡游戏枪械信息管理系统”项目表示层（main.c）中实现了显示枪械界面函数。 ● 技术层面 分析设计。 函数定义。 ● 任务小结（请在此记录你在本任务中对所学知识的理解与实现本任务的感悟等） -------------------- -------------------- --------------------

任务 8　表示层——添加枪械界面实现

目标描述

任务描述
● 目标及要求 根据项目设计表示层，实现添加枪械界面，具体要求如下： （1）在表示层（main.c）中通过函数实现添加枪械界面。 （2）调用业务逻辑层（GunManage.h）中添加枪械信息的功能函数，实现写入文件。

学习活动 1　接领任务

领任务单
● 任务确认 实现表示层添加枪械界面，具体要求如下： （1）正确完成表示层添加枪械界面； （2）单独以函数实现； （3）命名规范，注释清晰。 ● 确认签字 --------------------

学习活动 2 分析任务

分析任务

实现表示层（main.c）添加枪械界面，具体分析如下：

（1）在表示层中以函数实现，函数名称为 addGunView()；

（2）调用业务逻辑层（GunManage.h）中的 addGunInfo()添加数据；

（3）设计添加界面，添加枪械信息，具体如图 9.42 所示。

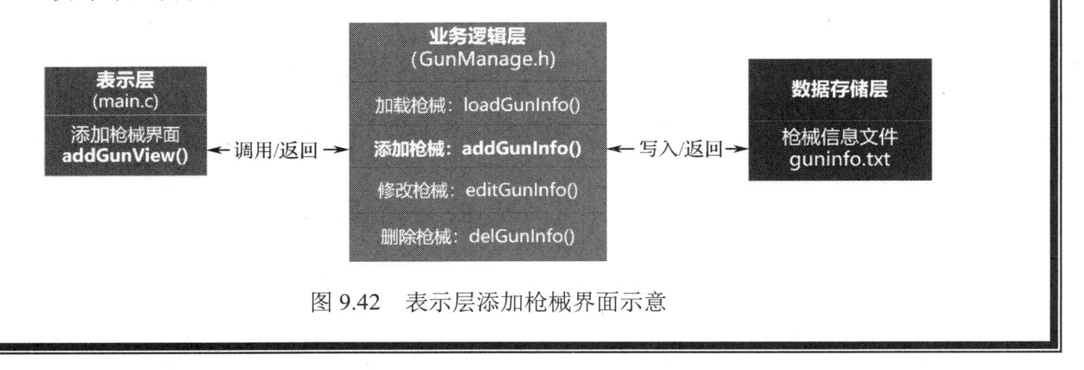

图 9.42 表示层添加枪械界面示意

学习活动 3 制定方案

实现本任务方案

● **实现思路**

实现表示层添加枪械界面，采用函数实现，具体实现思路如下：

（1）函数名称：addGunView()；

（2）函数输入：无；

（3）函数功能：调用业务逻辑层 addGuninfo()实现添加数据到文件中；

（4）函数返回：无。

● **实现步骤**

（1）打开之前创建好的项目；

（2）在表示层（main.c 中）完成。

学习活动 4 实施实现

任务实现

● **实现参考**

通过上面分析进入项目，实现表示层添加枪械界面的函数。

● **实现步骤**

（1）打开 main.c 文件。

展示项目的“Sources”，双击“main.c”文件，进入编辑状态。

（2）实现枪械信息添加的界面函数。

实现表示层枪械信息添加的界面函数为 addGunView()，其代码如下：

```
/*  添加枪械界面  */
void addGunView()
{
    //清除屏幕
    system("cls");
    printf("\n 枪械管理>添加枪械界面\n");
    //1 定义记录枪械的信息结构体
    struct  GunModel  _gunM;

    while(1)  //死循环
    {
        // 2--接收用户的输入
        printf("\n 请输入枪械类型：");
        scanf("%s",&_gunM.NX);
        printf("\n 请输入枪械名称：");
        scanf("%s",&_gunM.MC);
        printf("\n 请输入枪械口径(mm)：");
        scanf("%f",&_gunM.KJ);
        printf("\n 请输入弹夹容量(发）：");
        scanf("%d",&_gunM.RL);
        printf("\n 请输入基础伤害值：");
        scanf("%d",&_gunM.SH);
        printf("\n 请输入子弹初始速度(m/s)：");
        scanf("%d",&_gunM.SS);
        printf("\n 请输入射击间隔：");
        scanf("%f",&_gunM.SJJG);
        printf("\n 请输入特性：");
        scanf("%s",&_gunM.TX);
        //调用业务层添加枪械的函数，并将用户输入的信息写入文件
        if(addGunInfo(_gunM)==1)  //操作成功
        {
            char  test;
            printf("\n 添加成功！ 是否继续添加(Y/N)?");
            scanf("%s",&test);
            //判断用户输入的是否是 y
            if(test=='Y' || test=='y')
            {
                //继续添加
                continue;
            }
            else
            {
                //返回主界面
                break;  //跳出循环
            }
```

```
        }
        else      //操作失败
        {
            printf("\n 添加失败！");
            break; //跳出循环
        }
    }
}
```

学习活动 5　测试验收

任务测试验收单

● **实现效果**

实现了表示层添加枪械界面的函数。在主函数 main 中，调用该函数测试是否能完成将添加的信息写入文件，如果能正确写入则表示成功，否则表示失败。

● **验收结果**

序　号	验 收 内 容	实 现 效 果				
		A	B	C	D	E
1	任务要求的功能实现情况					
2	使用代码的规范性（变量命名、注释说明）					
3	掌握知识的情况					
4	程序性能及健壮性					
5	团队协作					

说明：在实现效果对应等级中打“√”。

● **验收评价**

验收签字--

学习活动 6　总结拓展

任务总结与拓展

● **实现效果**

在“吃鸡游戏枪械信息管理系统”项目表示层（main.c）中实现了添加枪械界面的函数。

● **技术层面**

分析设计。

函数定义。

● **任务小结**（请在此记录你在本任务中对所学知识的理解与实现本任务的感悟等）

任务9 表示层——修改枪械界面实现

目标描述

任务描述
● 目标及要求 根据项目设计表示层，实现修改枪械界面，具体要求如下： （1）在表示层（main.c）中通过函数实现修改枪械界面。 （2）调用业务逻辑层（GunManage.h）中修改枪械信息的功能函数实现写文件。

学习活动1 接领任务

领任务单
● 任务确认 实现表示层修改枪械界面，具体要求如下： （1）正确完成表示层修改枪械界面； （2）单独以函数实现； （3）命名规范，注释清晰。 ● 确认签字

学习活动2 分析任务

分析任务
实现表示层（main.c）修改枪械界面，具体分析如下： （1）在表示层中以函数实现，函数名称为 editGunView()； （2）调用业务逻辑层（GunManage.h)中的 editGunInfo()修改数据； （3）设计修改界面，对枪械信息进行修改，具体如图 9.43 所示。

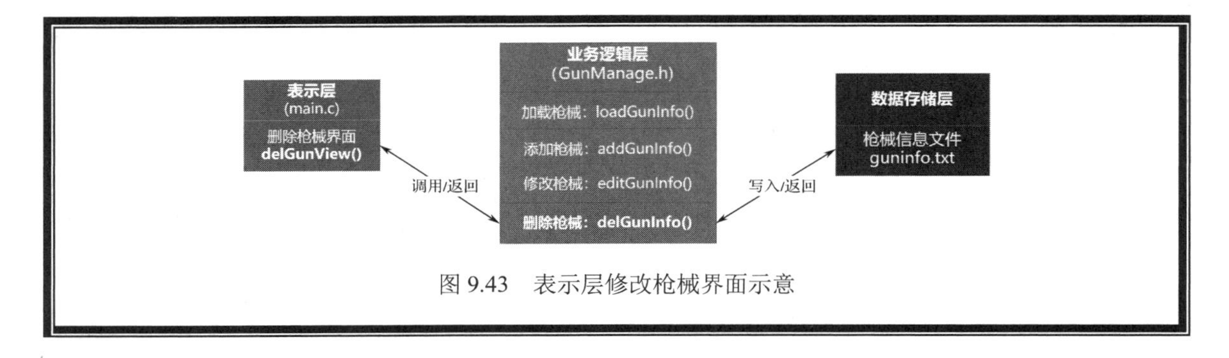

图 9.43　表示层修改枪械界面示意

学习活动 3　制定方案

实现本任务方案

● 实现思路

实现表示层修改枪械界面，采用函数实现，具体实现思路如下：

（1）函数名称：editGunView();

（2）函数输入：无；

（3）函数功能：调用业务逻辑层 editGuninfo()实现将新数据修改到文件中；

（4）函数返回：无。

● 实现步骤

（1）打开之前创建好的项目；

（2）在表示层（main.c）中完成。

学习活动 4　实施实现

任务实现

● 实现参考

实现表示层修改枪械界面，具体步骤如下：

（1）打开 main.c 文件。

展示项目的“Sources”，双击“main.c”文件，进入编辑状态。

（2）实现枪械信息修改的界面函数。

实现枪械信息修改的界面函数为 editGunView，其代码如下：

```
/*  修改枪械界面  */
void editGunView()
{
    //清除屏幕
    system("cls");
    //定义变量用来记录被修改枪械的编号
    int id;
    //显示枪械列表
    showGunView();
```

```
//开始循环（因为不确定用户要修改几次）
while(1)
{
    //初始化变量的初始值
    id =0;
    //提示输入修改的编号
    printf("\n 请输入要被修改的枪械的编号[0：返回主界面]：");
    scanf("%d",&id);  //被修改的枪械编号
    if(id==0)  //如果编号为 0，则返回主界面
    {
        break;
    }
    //判断输入编号有效性
    if(id>0 &&  id<=TOTALCOUNT)
    {
        //  获取新信息并保存到对应的结构体数组的元素中（修改编号 id -1)
        printf("\n 请输入枪械类型：");
        scanf("%s",&GUN[id-1].NX);
        printf("\n 请输入枪械名称：");
        scanf("%s",&GUN[id-1].MC);
        printf("\n 请输入枪械口径(mm)：");
        scanf("%f",&GUN[id-1].KJ);
        printf("\n 请输入弹夹容量(发）：");
        scanf("%d",&GUN[id-1].RL);
        printf("\n 请输入基础伤害值：");
        scanf("%d",&GUN[id-1].SH);
        printf("\n 请输入子弹初始速度(m/s)：");
        scanf("%d",&GUN[id-1].SS);
        printf("\n 请输入射击间隔：");
        scanf("%f",&GUN[id-1].SJJG);
        printf("\n 请输入特性：");
        scanf("%s",&GUN[id-1].TX);

        //调用业务逻辑层修改函数
        if(editGunInfo(GUN,TOTALCOUNT)==1)
        {
            //刷新显示
            showGunView();
            //询问是否继续
            char test;
            printf("\n 修改成功！是否继续修改(Y/N)?");
            scanf("%s",&test);
            //判断用户输入的是否是 y
            if(test=='Y' || test=='y')
            {
                //继续修改
                continue;
            }
            else
```

```
                {
                    //返回主界面
                    break;   //跳出循环
                }
            }
            else
            {
                //失败
                printf("\修改失败！ ");
            }
        }
        else
        {
            printf("\n 请输入正确的编号");
        }
    }
}
```

学习活动 5　测试验收

任务测试验收单

● 实现效果

实现了表示层修改枪械界面的函数。在主函数 main 中测试是否能完成将修改信息写到文件中，如果写入正确则成功，否则失败。

● 验收结果

序　号	验 收 内 容	实 现 效 果				
		A	B	C	D	E
1	任务要求的功能实现情况					
2	使用代码的规范性（变量命名、注释说明）					
3	掌握知识的情况					
4	程序性能及健壮性					
5	团队协作					

说明：在实现效果对应等级中打“√”。

● 验收评价

验收签字 --

学习活动 6　总结拓展

任务总结与拓展

● **实现效果**

本任务在“吃鸡游戏枪械信息管理系统”项目表示层（main.c）中实现了修改枪械界面的函数。

● **技术层面**

分析设计。

函数定义。

● **任务小结**（请在此记录你在本任务中对所学知识的理解与实现本任务的感悟等）

任务 10　表示层——删除枪械界面实现

目标描述

任务描述

● **目标及要求**

根据项目设计表示层，实现删除枪械界面，具体要求如下：

（1）在表示层（main.c）中通过函数实现删除枪械界面。

（2）调用业务逻辑层（GunManage.h）中删除枪械信息的功能函数，实现写入文件。

学习活动 1　接领任务

领任务单

● **任务确认**

实现表示层删除枪械界面，具体要求如下：

（1）正确完成表示层删除枪械界面；

（2）单独以函数实现；

（3）命名规范，注释清晰。

● **确认签字**

学习活动 2　分析任务

分析任务

实现表示层（main.c）删除枪械界面，具体分析如下：

（1）在表示层中以函数实现，函数名称为 delGunView()；

（2）调用业务逻辑层（GunManage.h)中的 delGunInfo()删除数据；

（3）设计删除界面，删除枪械信息，具体如图 9.44 所示。

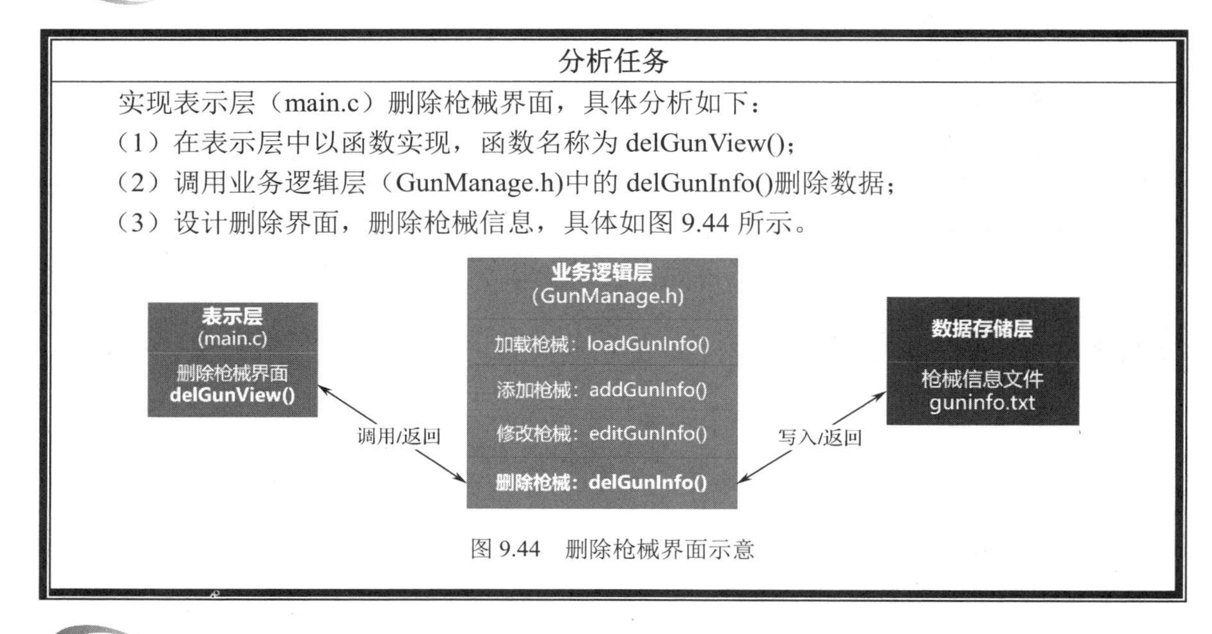

图 9.44　删除枪械界面示意

学习活动 3　制定方案

实现本任务方案

● 实现思路

实现表示层删除枪械界面，采用函数实现，具体思路如下：

（1）函数名称：delGunView()；

（2）函数输入：无；

（3）函数功能：调用业务逻辑层 delGuninfo()实现数据文件中数据的删除；

（4）函数返回：无。

● 实现步骤

（1）打开之前创建好的项目；

（2）在表示层（main.c）中完成。

学习活动 4　实施实现

任务实现

● 实现参考

实现表示层删除枪械界面，具体步骤如下：

（1）打开 main.c 文件。

展示项目的“Sources”，双击“main.c”文件，进入编辑状态。

（2）实现枪械信息删除的界面函数。

实现枪械信息删除的界面函数为 delGunView()，其代码如下：

```
/*   实现删除枪械信息的界面   */
void delGunView()
{
    //定义被删除的枪械的编号
    int id;

    //显示枪械信息列表
    showGunView();

    while(1)
    {
        printf("\n 请输入要删除的枪械编号[0：返回主界面]：");
        scanf("%d",&id);
       if(id==0)
        {
            break; //  结束返回
        }
        //判断输入编号是否在正常范围内
        if( id>0 && id<=TOTALCOUNT)
        {
            //调用业务逻辑层的函数删除枪械信息
            if(delGunInfo(GUN,id,TOTALCOUNT)==1) //操作成功
            {
                //刷新数据
                showGunView();

                char flag;
                printf("\n  删除成功！ 是否继续删除(y/n)?");
                scanf("%s",&flag);
                if(flag=='Y' || flag=='y')
                {
                    continue;   //继续
                }
                else
                {
                    break;   //跳出循环，结束
                }
            }
            else
            {
                //操作失败
                printf("\n  删除失败！ ");
                continue;
            }
        }
```

```
            else
            {
                printf("\请输入正确的编号");
                continue;
            }
        }
}
```

学习活动 5　测试验收

任务测试验收单

● **实现效果**

实现了表示层删除枪械界面的函数。在主函数 main 中测试是否能完成删除。

● **验收结果**

序　号	验 收 内 容	实 现 效 果				
		A	B	C	D	E
1	任务要求的功能实现情况					
2	使用代码的规范性（变量命名、注释说明）					
3	掌握知识的情况					
4	程序性能及健壮性					
5	团队协作					

说明：在实现效果对应等级中打“√”。

● **验收评价**

验收签字________________________

学习活动 6　总结拓展

任务总结与拓展

● **实现效果**

在“吃鸡游戏枪械信息管理系统”项目表示层（main.c）中，实现了删除枪械界面的函数。

● **技术层面**

分析设计。

函数定义。

● **任务小结**（请在此记录你在本任务中对所学知识的理解与实现本任务的感悟等）

任务 11 表示层——项目主界面菜单实现

目标描述

任务描述

● 目标及要求

完成项目主界面菜单实现，具体要求如下：

（1）在表示层（main.c）中通过函数实现主界面。

（2）实现主界面菜单的选择，并调用对应已实现的业务界面函数。

学习活动 1 接领任务

领任务单

● 任务确认

实现项目主界面菜单界面，具体要求如下：

（1）实现信息显示及菜单显示，并实现选择进入对应界面的功能；

（2）单独以函数实现；

（3）命名规范，注释清晰。

● 确认签字

学习活动 2 分析任务

分析任务

实现项目的主界面菜单功能，如图 9.45 所示。

系统启动进入界面，显示枪械信息，然后实现系统的主菜单，即输入 1 进入添加界面，输入 2 时进入修改界面，输入 3 时进入删除界面，输入 0 时退出系统。

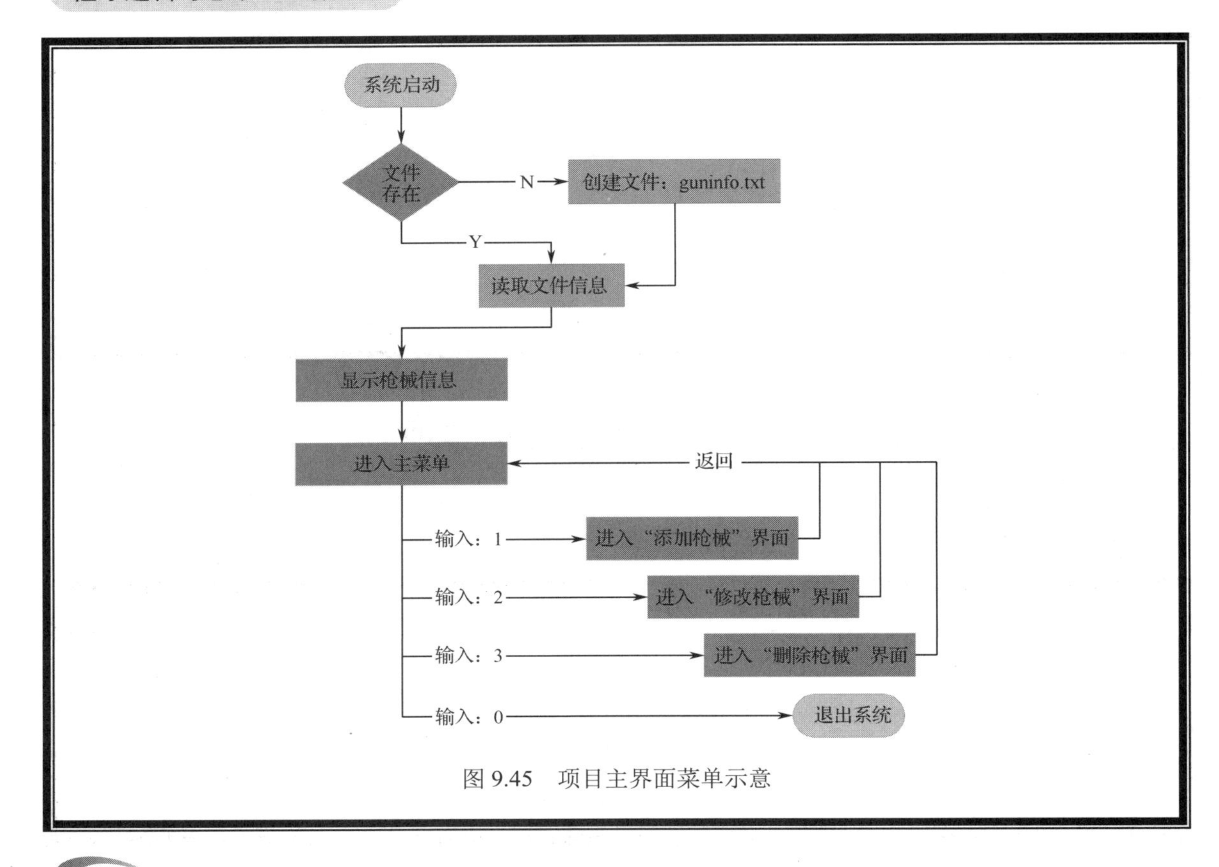

图 9.45　项目主界面菜单示意

学习活动 3　制定方案

实现本任务方案

● 实现思路

实现表示层项目主界面菜单的功能，具体思路如下：

（1）函数名称：mainMenuView()；

（2）函数输入：无；

（3）函数功能：主要实现主界面菜单的功能；

（4）函数返回：无。

● 实现步骤

（1）打开之前创建好的项目；

（2）在表示层（main.c）中完成。

学习活动 4　实施实现

任务实现

● 实现参考

通过上面的分析进入项目，实现项目主界面函数。

● **实现步骤**

（1）打开 main.c 文件。

展示项目的“Sources”，双击“main.c”文件，进入编辑状态。

（2）实现项目主界面菜单函数。

实现项目主界面菜单函数 mainMenuView，其代码如下：

```
/* 系统主界面 */
void mainMenuView()
{
    //定义功能号变量
    int functionno;

    while(1)
    {
        //调用显示枪械信息界面，以显示枪械信息
        showGunView();
        //显示功能操作菜单
        printf("\n\n  功能操作");
        printf("\n\n \t 1.添加枪械");
        printf("\n\n \t 2.修改枪械");
        printf("\n\n \t 3.删除枪械");
        printf("\n\n \t 0.退出系统");

        printf("\n\n  请输入你要操作的功能编号:");
        scanf("%d",&functionno);
        //判断输入的菜单编号
        if(functionno >=0 && functionno<=3)
        {
            if(functionno==0)
            {
                //结束程序
                break;
            }
            else if(functionno==1)
            {
                //调用添加
                addGunView();
            }
            else if(functionno==2)
            {
                //调用修改
                editGunView();
            }
            else if(functionno==3)
            {
                //调用删除
                delGunView();
```

```
            }
        }
        else
        {
            printf("\n 输入功能编号有误，请重新输入");
        }
    }
    printf("\n 再见！");
}
```

学习活动 5　测试验收

任务测试验收单

● **实现效果**

实现了项目主界面菜单的功能，包含调用显示枪械信息界面、显示系统操作菜单。同时能够根据输入的菜单编号正确进入对应的操作界面（输入 1 时进入添加枪械界面；输入 2 时进入修改枪械界面；输入 3 时进入删除枪械界面；输入 0 时退出系统）。

● **验收结果**

序　号	验 收 内 容	实 现 效 果				
		A	B	C	D	E
1	任务要求的功能实现情况					
2	使用代码的规范性（变量命名、注释说明）					
3	掌握知识的情况					
4	程序性能及健壮性					
5	团队协作					

说明：在实现效果对应等级中打“√”。

● **验收评价**

验收签字 --

学习活动 6　总结拓展

任务总结与拓展

● **实现效果**

在“吃鸡游戏枪械信息管理系统”项目表示层（main.c）中实现了主界面函数，融合了之前实现的所有表示层的函数（显示枪械信息、添加枪械信息、修改枪械信息、删除枪械信息等）。

● 技术层面

分析设计。

函数定义。

● 任务小结（请在此记录你在本任务中对所学知识的理解与实现本任务的感悟等）

任务 12　表示层——程序主函数实现

目标描述

任务描述
● 目标及要求 完成项目的主函数调用，以最终实现项目开发，具体要求如下： 在表示层（main.c）的主函数中，调用上次任务实现的主界面菜单函数以完成本项目。

学习活动 1　**接领任务**

领任务单
● 任务确认 调用主界面菜单函数，以实现系统的所有开发，具体要求实现如下： （1）调用上次任务实现的主界面菜单函数； （2）命名规范，注释清晰。 ● 确认签字 --------------------------------

学习活动 2　**分析任务**

分析任务
在上一次任务中已完成“吃鸡游戏枪械信息管理系统”项目的所有功能开发。 对该项目采用按软件三层架构的思路进行设计开发，各功能均使用单独函数进行实现，即模块化实现。这样可增加系统的扩展性和可读性。 在主函数中调用已实现的项目主界面函数，以完成系统的真正开发。

学习活动 3　制定方案

实现本任务方案

- **实现思路**

（1）找到项目的主函数；

（2）调用 mainMenuView()。

- **实现步骤**

（1）打开之前已创建的项目；

（2）在表示层（main.c）中完成。

学习活动 4　实施实现

任务实现

- **实现参考**

通过上次任务的实现，该项目所有功能已开发完成，接下来进入主函数调用，以 mainMenuView()实现项目最后的功能。

代码参考如下：

```
int main()
{
    //调用显示枪械界面的函数
    mainMenuView();

    return 0;
}
```

学习活动 5　测试验收

任务测试验收单

- **实现效果**

实现了本项目的所有开发，能够正确运行，说明开发成功，具体效果如图 9.46 至图 9.49 所示。

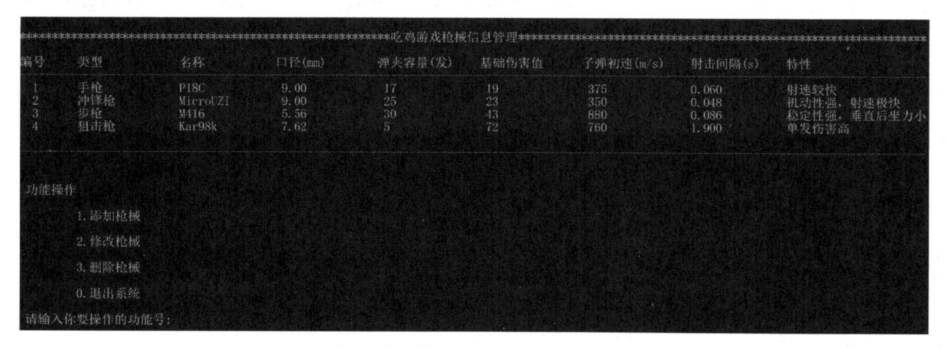

图 9.46　项目主界面

在界面中，输入 0 时则退出系统。

在界面中，输入 1 时进入“添加枪械”的界面。

```
枪械管理>添加枪械界面
请输入枪械类型：轻机枪
请输入枪械名称：M249
请输入枪械口径(mm)：5.56
请输入弹夹容量(发)：75
请输入基础伤害值：44
请输入子弹初始速度(m/s)：350
请输入射击间隔：0.075
请输入特性：载弹量极高，换弹速度慢
添加成功！是否继续添加(Y/N)?
```

图 9.47　添加信息界面

在界面中，输入 2 时进入“修改枪械”的界面。

```
************************************************************吃鸡游戏枪械信息管理************************************************************
编号  类型      名称        口径(mm)    弹夹容量(发)  基础伤害值    子弹初速(m/s)   射击间隔(s)   特性
 1    手枪      P18C         9.00        17            19            375             0.060         射速较快
 2    冲锋枪    MicroUZI     9.00        25            23            350             0.048         机动性强，射速极快
 3    步枪      M416         5.56        30            43            880             0.086         稳定性强，垂直后坐力小
 4    狙击枪    Kar98k       7.62        5             72            760             1.900         单发伤害高

请输入要被修改的枪械的编号[0：返回主界面]：
```

图 9.48　修改信息界面

在界面中，输入 3 时进入“删除枪械”的界面。

```
************************************************************吃鸡游戏枪械信息管理************************************************************
编号  类型      名称        口径(mm)    弹夹容量(发)  基础伤害值    子弹初速(m/s)   射击间隔(s)   特性
 1    手枪      P18C         9.00        17            19            375             0.060         射速较快
 2    冲锋枪    MicroUZI     9.00        25            23            350             0.048         机动性强，射速极快
 3    步枪      M416         5.56        30            43            880             0.086         稳定性强，垂直后坐力小
 4    狙击枪    Kar98k       7.62        5             72            760             1.900         单发伤害高

请输入要删除的枪械的编号[0：返回主界面]：
```

图 9.49　删除信息界面

● 验收结果

序　号	验收内容	实现效果				
		A	B	C	D	E
1	任务要求的功能实现情况					
2	使用代码的规范性（变量命名、注释说明）					
3	掌握知识的情况					
4	程序性能及健壮性					
5	团队协作					

说明：在实现效果对应等级中打“√”。

● 验收评价

验收签字--

学习活动 6　总结拓展

任务总结与拓展

● 实现效果

完成“吃鸡游戏枪械信息管理系统”项目中主函数功能的调用，以实现项目的所有开发任务。

本项目按软件三层架构进行设计，所有功能都以单独的函数实现，根据需要进行调用，从而实现了代码利用性，使程序变得更加模板化，并具有很好的扩展性。

同时，整个开发都是按照最初的项目设计逐步实现的。

从另一个角度也引申出：“做你所说，说你所做”。

● 技术层面

分析设计。

函数定义。

● 任务小结（请在此记录你在本任务中对所学知识的理解与实现本任务的感悟等）

任务 13　软件项目文档编写

目标描述

任务描述
● 目标现实 本次开发的项目：吃鸡游戏枪械信息管理系统，主要实现功能如下。 功能 1：实现枪械信息的展示； 功能 2：实现枪械信息的添加； 功能 3：实现枪械信息的修改； 功能 4：实现枪械信息的删除。 到现在已经完成开发，下面将实现对该项目相关软件文档的编写。 ● 具体要求如下： 完成需求分析说明书编写； 完成概要设计文档的编写； 完成用户操作手册的编写。

学习活动 1　接领任务

领任务单
● 任务确认 完成项目软件文档的编写，具体要求如下： （1）按需求分析说明文档格式，完成该项目需求分析文档的编写； （2）按概要设计文档格式，完成该项目概要设计文档的编写； （3）文档格式排版规范。 ● 确认签字 ------------------------------

学习活动 2　分析任务

分析任务
一个完整的软件除了有完善的功能，还应配套详细的软件文档。本任务要求简单实现软件需求说明书、概要设计文档、用户操作手册。 （1）软件需求说明书。 说明书的编制是为了使用户和软件开发者对该软件的初始规定有一个共同的理解，使之成为整个开发工作的基础。其中包括硬件、功能、性能、输入与输出、接口需求、警示信息、

保密安全、数据与数据库、文档和法规的要求等。

通俗来讲，编写需求说明书的目的就是说明软件是“做什么的，有什么样的功能”，同时再对软件相关要求与规定进行约束。

（2）概要设计文档。

概要设计文档是一个软件设计师根据用户交互过程和用户需求来形成交互框架和视觉框架的过程，其结果往往以反映交互控件布置、界面元素分组，以及界面整体版式的页面框架图的形式来呈现。

这是一个在用户研究和设计之间架起的桥梁，使用户研究和设计无缝结合，将对用户目标与需求转换成具体界面设计解决方案的重要阶段。

概要设计文档的主要任务是，把需求分析得到的系统扩展用例图转换为软件结构和数据结构。设计软件结构是将一个复杂系统按功能进行模块划分、建立模块的层次结构及调用关系、确定模块间的接口及人机界面等。数据结构设计包括数据特征的描述、确定数据的结构特性、数据库的设计。

概要设计文档的目标是概括设计出系统的逻辑模型。

（3）用户操作手册。

用户手册是详细描述软件的功能、性能和用户界面，使用户了解如何使用该软件，即指导用户使用软件的手册。

学习活动 3　制定方案

实现本任务方案

● 实现思路

（1）查找文档格式的要求；

（2）结合之前的设计与实现过程完成文档的编写。

● 实现步骤

（1）将之前在 Visio 等软件中绘制的流程图进行整理；

（2）在 Word/WPS 软件中编写实现。

学习活动 4　实施实现

任务实现

● 实现参考

1．需求分析说明书内容要求

一般软件需求说明书的内容及要求如下所示。

1．引言

1.1 编写目的

说明编写软件需求说明书的目的，指出预期的读者。

1.2 背景

说明：

a．待开发的软件系统的名称；

b．本项目的任务提出者、开发者、用户及实现该软件的计算中心或计算机网络；

c．该软件系统同其他系统或其他机构基本的相互来往关系。

1.3 定义

列出本文件中用到的专门术语定义和外文首字母组词的原词组。

1.4 参考资料

列出所需的参考资料，如：

a．本项目经核准的计划任务书或合同、上级机关的批文；

b．属于本项目的其他已发表的文件；

c．本文件中引用的文件、资料，包括所要用到的软件开发标准。列出这些文件资料的标题、文件编号、发表日期和出版单位，说明得到这些文件资料的来源。

2．任务概述

2.1 目标

叙述该项软件开发的意图、应用目标、作用范围，以及其他应向读者说明的有关该软件开发的背景材料。解释被开发软件与其他有关软件之间的关系。如果本软件产品是一项独立的软件，而且全部内容自含，则应加以说明。如果所定义的产品是一个更大系统的一个组成部分，则应说明本产品与该系统中其他各组成部分之间的关系，可使用方框图来说明该系统的组成和本产品同其他各部分的联系和接口。

2.2 用户的特点

列出本软件的最终用户的特点，充分说明操作人员、维护人员的教育水平和技术专长，以及本软件的预期使用频度。这些内容是软件设计工作的重要约束。

2.3 假定和约束

列出进行本软件开发工作的假定和约束，如经费限制、开发期限等。

3．需求规定

3.1 对功能的规定

用列表的方式（如 IPO 表即输入、处理、输出表的形式），逐项定量和定性地叙述对软件所提出的功能要求，说明输入什么量、经怎样的处理、得到什么输出，以及软件应支持的终端数和并行操作的用户数。

3.2 对性能的规定

3.2.1 精度

说明对该软件的输入、输出数据精度的要求，包括传输过程中的精度。

3.2.2 时间特性要求

说明对于该软件的时间特性要求，如：

a．响应时间；

b．更新处理时间；

c．数据的转换和传送时间；

d．解题时间。

3.2.3 灵活性

说明对该软件的灵活性的要求，即当需求发生某些变化时，该软件对这些变化的适应能力，如：

a．操作方式上的变化；

b．运行环境的变化；

c．同其他软件的接口变化；

d．精度和有效时限的变化；

e．计划的变化或改进。

对于为了提供这些灵活性而进行专门设计的部分应该加以标明。

3.3 输入和输出要求

解释各输入和输出数据类型，并逐项说明其媒体、格式、数值范围、精度等。对软件的数据输出及必须标明的控制输出量进行解释并举例，包括对复制报告（正常结果输出、状态输出及异常输出），以及图形或显示报告的描述。

3.4 数据管理能力要求

说明需要管理的文卷和记录的个数、表和文卷的大小规模，要按可预见的增长对数据及其分量的存储要求进行估算。

3.5 故障处理要求

列出可能的软件、硬件故障，以及对各项性能而言所产生的后果和对故障处理的要求。

3.6 其他专门要求

如用户单位对安全保密的要求、使用方便的要求、可维护性、可补充性、易读性、可靠性、运行环境和可转换性的特殊要求等。

4　运行环境规定

4.1 设备

列出运行该软件所需要的硬设备。说明其中新型设备及其专门功能，包括：

a．处理器型号及内存容量；

b．外存容量、联机或脱机、媒体及其存储格式，以及设备的型号和数量；

c．输入和输出设备的型号、数量，以及联机或脱机；

d．数据通信设备的型号和数量；

e．功能键及其他专用硬件。

4.2 支持软件

列出支持软件，包括操作系统、编译（或汇编）程序、测试支持软件等。

4.3 接口

说明该软件同其他软件之间的接口、数据通信协议等。

4.4 控制

说明控制该软件运行的方法和控制信号，以及这些控制信号的来源。

2．软件概要设计内容要求

一般软件概要设计内容及要求如下。

1．引言

1.1 编写目的

说明编写这个概要设计说明书的目的，指出预期的读者。

1.2 背景

说明：

a. 待开发软件系统的名称；

b. 列出此项目的任务提出者、开发者、用户，以及将运行该软件的计算站（中心）。

1.3 定义

列出本文件中用到的专门术语的定义和外文首字母组词的原词组。

1.4 参考资料

列出有关的参考文件，如：

a. 本项目经核准的计划任务书或合同，以及上级机关的批文；

b. 属于本项目的其他已发表文件；

c. 本文件中各处引用的文件、资料，包括所要用到的软件开发标准。列出这些文件的标题、文件编号、发表日期和出版单位，说明能够得到这些文件资料的来源。

2．总体设计

2.1 需求规定

说明对本系统主要的输入和输出项目、处理的功能性能要求。

2.2 运行环境

简要说明对本系统的运行环境（包括硬件环境和支持环境）的规定。

2.3 基本设计概念和处理流程

说明本系统的基本设计概念和处理流程，尽量使用图表的形式。

程序设计的基本概念有程序、数据、子程序、子例程、协同例程、模块，以及顺序性、并发性、并行性和分布性等。

2.4 结构

用一览表及框图的形式说明本系统的系统元素（各层模块、子程序、公用程序等）的划分，扼要说明每个系统元素的标识符和功能，分层次地给出各元素之间的控制与被控制关系。

2.5 功能需求与程序的关系

使用矩阵图的形式，说明各项功能需求的实现同各块程序的分配关系。

2.6 人工处理过程

说明在本软件系统的工作过程中不得不包含的人工处理过程（如果有的话）。

2.7 尚未解决的问题

说明在概要设计过程中尚未解决而设计者认为在系统完成之前必须解决的各个问题。

3．接口设计

3.1 用户接口

说明将向用户提供的命令和语法结构，以及软件的回答信息。

3.2 外部接口

说明本系统同外界的所有接口的安排，包括软件与硬件之间的接口，以及本系统与各支持软件之间的接口关系。

3.3 内部接口

说明本系统内各个系统元素之间的接口安排。

4．运行设计

4.1 运行模块组合

说明对系统施加不同的外界运行控制时所引起的各种不同的运行模块组合，以及每种运行所历经的内部模块和支持软件。

4.2 运行控制

说明每种外界运行控制的方式方法和操作步骤。

4.3 运行时间

说明每种运行模块组合将占用各种资源的时间。

5．系统数据结构设计

5.1 逻辑结构设计要点

给出本系统内所使用每个数据结构的名称、标识符，每个数据项、记录、文卷和系的标识、定义、长度，以及它们之间的层次或表格的相互关系。

5.2 物理结构设计要点

给出本系统内所使用每个数据结构中数据项的存储要求，以及访问方法、存取单位、存取的物理关系（索引、设备、存储区域）、设计考虑和保密条件。

5.3 数据结构与程序的关系

说明各个数据结构与访问这些数据结构的形式。

6．系统出错处理设计

6.1 出错信息

用一览表的方式说明每种可能的出错或故障情况出现时，系统输出信息的形式、含义及处理方法。

6.2 补救措施

说明故障出现后可能采取的变通措施，包括：

a. 说明准备采用的后备技术，当原始系统数据万一丢失时启用的副本建立和启动的技术，例如，周期性地把磁盘信息记录到磁带就是磁盘媒体的一种后备技术；

b. 采用降效技术作为后备技术，使用另一个效率稍低的系统或方法来求得所需结果的某些部分，如一个自动系统的降效技术可以是手工操作和数据的人工记录；

c. 恢复及再启动技术说明将使用的恢复再启动技术，使软件从故障点恢复执行或使软件从头开始重新运行的方法。

6.3 系统维护设计

说明为了系统维护的方便而在程序内部设计中做出的安排，包括在程序中专门安排用于系统的检查与维护的检测点和专用模块。各个程序之间的对应关系，可采用矩阵图的形式。

3. 用户操作手册的编写要求

用户操作手册的编写没有特别固定的要求，但手册一定要详细描述软件的功能、性能和用户界面，使用户了解到如何使用该软件等。

学习活动 5 测试验收

任务测试验收单

- **实现效果**

按要求完成 3 个文档的编写，并提交验收。

- **验收结果**

序号	验收内容	实现效果				
		A	B	C	D	E
1	任务要求的文档实现情况					
2	文档的规范性					
3	内容的正确性					
4	团队协作					

说明：在实现效果对应等级中打“√”。

- **验收评价**

验收签字____

学习活动 6 总结拓展

任务总结与拓展

- **实现效果**

完成项目的需求说明、概要设计、用户操作手册三个文档的编写。让同学们理解一个完整的软件项目，除有稳健的功能外，还要有翔实的软件文档。在真实的开发过程中，是先有文档，后做开发的。软件文档可起到规范与约定的作用。

- **技术层面**

软件文档的重要性（兵马未动，粮草先行）。

- **任务小结**（请在此记录你在本任务中对所学知识的理解与实现本任务的感悟等）